MONOGRAPHIE

DE LA CANNE A SUCRE DE LA CHINE

DITE

SORGHO A SUCRE.

MONOGRAPHIE

DE LA

CANNE A SUCRE DE LA CHINE

DITE

SORGHO A SUCRE

PAR

LE DOCTEUR ADRIEN SICARD,

Secrétaire la Société d'Horticulture de Marseille,
Titulaire de la Société d'Agriculture du département des Bouches-du-Rhône
Et de la Société Impériale zoologique d'acclimatation,
Correspondant de plusieurs sociétés savantes, françaises et étrangères.
Chevalier de l'ordre du Nichani Iftikhar, de Tunis.
Honoré de trois médailles : Choléra 1835, 1849 et 1854.

MARSEILLE.
TYPOGRAPHIE ET LITHOGRAPHIE ARNAUD ET COMPAGNIE,
Rue Canebière, n. 10.

—

1856.

INTRODUCTION.

> La culture de la terre est une science ; et la nature ne se révèle qu'à ceux qui s'appliquent à la connaître ; elle garde pour les autres ses voiles et ses mystères.
>
> Charles SAINTE-FOI,
> (*Livre des Peuples et des Rois.*)

Nous avons pour but, en écrivant cet ouvrage, de prouver les avantages que l'on peut retirer de la culture de la canne à sucre du nord de la Chine. Ce n'est pas sans motifs que nous avons pris le titre de *Monographie;* nous devons, par conséquent, expliquer tout d'abord notre pensée au sujet de cette dénomination.

Une Monographie, pensons-nous, est un travail complet, autant qu'il est possible de le dire, car

« l'esprit est borné, et celui qui veut voir le prin-
« cipe des choses est comme un homme qui veut
« regarder le soleil, et celui qui veut en connaître
« la fin ressemble à un homme qui regarde dans
« un abîme sans fond. »

Ces paroles de Ch. Sainte-Foi sont d'une grande vérité; tout homme qui applique toutes ses facultés à l'étude d'une question quelconque, peut dire qu'il a pénétré quelquefois de grands secrets, mais il lui serait difficile d'assurer que ses découvertes ne seront pas contestées plus tard.

Toutes les choses du monde sont difficiles, comme dit l'Ecclésiaste, *l'homme ne les peut expliquer par ses paroles. Mais le cœur du sage cherche l'instruction :* il est sûr de la trouver lorsqu'il la recherche dans les œuvres de Dieu.

On peut arriver à ce but par différents procédés: les uns, partent d'une théorie qu'ils se sont faite prématurément, et désirent arriver à la vérité, mais ils font, malgré eux, plier les faits à leur théorie; d'autres, prennent la nature telle qu'elle est, sans préoccupation aucune; ils étudient ce qui se présente à leurs yeux, classent, plus tard, les résultats obtenus, et finissent par se trouver possesseurs d'une masse de faits observés par eux-mêmes, avec la plus grande minutie, et qui servent ensuite de base à des théories qui, quelquefois, les éloignent des explications données par la science.

Nous avons adopté cette dernière marche : pendant plusieurs années nous avons cultivé de nos mains la canne à sucre du nord de la Chine ; nous avons suivi toutes les phases de sa végétation, nous l'avons comparée avec les plantes du même genre. Suivant ensuite sa croissance, depuis sa germination jusqu'à son développement complet, nous avons enregistré avec soin toutes les observations que nous avons pu faire, sans nous préoccuper des travaux qui avaient été publiés sur cette matière. Plus tard, nous avons revu ce qui a été écrit sur cette plante, et nous nous ferons un devoir de citer les auteurs qui l'ont particulièrement étudiée.

Après avoir étudié la canne à sucre de la Chine sous toutes ses phases de végétation, nous nous sommes préoccupé des avantages que l'on pouvait en retirer. Nous nous bornerons, dans ce premier travail, à donner les renseignements nécessaires pour que l'on puisse obtenir de cette graminée les produits les plus abondants, soit au point de vue alimentaire, soit au point de vue industriel, nous réservant d'aborder, dans un second travail, les études de cette plante considérée dans ses produits chimiques, tinctoriaux et manufacturiers. Ces divers produits étant brevetés ne pourraient être d'aucune utilité dès à présent.

Disons, en terminant, avec Sainte-Foi : « Dans « le travail, la nature et l'homme s'embrassent ; « et l'homme s'incline vers la nature, et la nature « s'élève vers l'homme ; et l'homme lui donne son « travail et ses sueurs ; et la nature donne à « l'homme ses pierres, ses métaux, ses fleurs et « ses fruits. »

CHAPITRE Ier.

La Canne à sucre de la Chine est-elle un Sorgho?

On doit toujours tâcher de se rendre utile. HOMÈRE.

M. de Montigny, consul de France à Sang-Haï (Chine), envoyait, en 1851, à la Société de Géographie de Paris, plusieurs semences exotiques, parmi lesquelles se trouvait un paquet de graines portant la suscription suivante : « Canne à sucre du nord de la Chine. »

On a cru reconnaître dans cette plante le sorgho à

sucre, gros mil, millet de Cafrerie, pain des Anges, *Sorghum saccharatum*, de Wil; *Holcus Docna*, de Forsk; *Holcus saccharatus*, de Linnée; *Andropogon saccharatus*, de Kunht. Plus tard, M. Léonard Wray lui a donné le nom d'*Imphy* (1) ou roseau sucré des Cafres-Zulu.

Ces différentes appellations prouvent assez que l'on ignore encore complètement le vrai nom de cette plante. Remarquons qu'elle tire son origine de la Chine. Il existe dans cet empire, dans la province *Se-Chuen*, située au nord-ouest de la Chine, une canne qui, du temps du père Du Hald (2), produisait d'excellent sucre.

(1) Nous espérons que la Société Impériale Zoologique d'acclimation, qui a déjà rendu de si grands services à la France, y introduira les 15 variétés d'Imphy (1) découvertes par M. Léonard Wray. Il en est quelques-unes qui sont remarquables par leur précocité et qui, sans aucun doute, s'acclimateront aisément dans le midi de la France et dans l'Algérie. La différence de coloris de leurs glumelles, nous fait espérer des principes colorants nouveaux qui viendront s'ajouter à ceux que nous avons extraits de la canne à sucre de la Chine. Faisons donc des vœux pour l'introduction, en France, de ces utiles graminées.

(2) *Histoire Générale des Voyages*, en 65 volumes. Tome 21, page 248.

(1) Nous ignorons si les plantes découvertes et classées par M. Léonard Wray sont analogues à la canne à sucre de la Chine. Nous croirions même d'après les descriptions données par l'auteur que ce sont des plantes tout-à-fait différentes.

Ne serait-ce pas cette même graminée qui a été transplantée dans nos climats? Déjà, en 1766, Pietro Ardouino avait importé à Florence une plante dont les semences étaient d'un brun clair, et qui avaient été cultivées pour la fabrication du sucre (2). Une graminée à peu près semblable a été cultivée dans le jardin botanique de la marine, à Toulon, par M. Robert. La culture en a été abandonnée, parce que cette plante ne contenait pas une quantité de sucre assez considérable pour l'exploitation. Cette remarque nous ferait penser que c'était le véritable sorgho à sucre de Linnée, plante se rapprochant de ses congénères, le sorgho des Cafres, le sorgho blanc et le sorgho à balai.

Nous avons cultivé concurremment les différentes variétés de sorgho, sans retrouver dans ces plantes les mêmes caractères que dans la canne à sucre envoyée par M. de Montigny. Nous croyons utile de donner le résultat de nos expériences.

Passant sous silence les différences légères qui se rencontrent dans la floraison de ces plantes, nous parlerons des autres caractères qui ont plus particulièrement attiré notre attention.

(2) Nous pensons que cette plante est une des espèces d'Imphy décrites dans la brochure de M. Wray.

Nous avons semé dans une bâche chauffée, le même jour, à la même heure et dans le même terrain, des graines de sorgho blanc, de sorgho des Cafres, de sorgho à balai et de canne à sucre de la Chine. Le septième jour, le sorgho blanc était hors de terre ; le sorgho à balai sortit dans l'après-midi ; le jour suivant, nous vîmes apparaître le sorgho des Cafres, et deux jours plus tard, la canne à sucre de la Chine. Une fois hors de terre, les sorgho développèrent promptement leurs feuilles ; il n'en fut pas de même de la canne à sucre de la Chine ; celle-ci resta encore longtemps avant de développer ses feuilles. Sa croissance fut très-lente.

Nous avons mesuré sur place les différentes espèces de sorgho qui, toutes, ont été cultivées sur le même sol que la canne à sucre de la Chine. Nous pensons être utile en donnant les hauteurs les plus grandes auxquelles sont parvenus les sorgho. Quant à la canne à sucre de la Chine, on trouvera une étude toute particulière de cette plante dans un des chapitres suivants.

Les sorgho blancs, mesurés de la hauteur du sol jusqu'à la courbure de l'épi, ont donné 2 mètres 40, 2 mètres 30, 1 mètre 65 et 1 mètre 55. Tous, à cette époque, portaient un second épi.

Les sorgho des Cafres ont atteint 1 mètre 93, 1 mètre 80, 1 mètre 20, 1 mètre. Tous avaient différentes pousses.

Le sorgho à balai mesure 2 mètres 80, 2 mètres 67, 1 mètre 61. Les épis des sorgho blancs et des Cafres sont tous contournés, l'épi regardant vers le sol; les entre-nœuds sont beaucoup plus rapprochés que ceux de la canne à sucre de la Chine; généralement, chaque tige donne plusieurs épis. La racine des trois sorgho ne présente pas les dispositions que l'on verra plus tard dans celle de la canne à sucre de la Chine. Quant au sorgho à balai, ses entre-nœuds sont plus longs que ceux de ses congénères. Le support de la graine est contourné sur lui-même, et l'épi, comportant une moins grande quantité de graines que celui de la canne à sucre de la Chine, s'incline toujours vers le sol.

La canne à sucre de la Chine, au contraire, monte toujours droit sur sa tige; son épi représente, on ne peut mieux, le bonnet chinois anciennement en usage dans la musique des régiments. L'élégance du port de cette plante est d'autant plus remarquable, qu'elle est cultivée à côté des sorgho. Les feuilles des sorgho ne peuvent se plier sans se briser. Il n'en est pas de même de celles de la canne à sucre de la Chine, avec lesquelles on peut obtenir un rond parfait.

Comme on a souvent comparé la canne à sucre de la Chine avec le sorgho à balai, nous avons voulu savoir si la composition de ces deux cannes était identique, superficiellement au moins. Nous avons donc pris, de chaque, une même longueur de 77 centimètres; nous avons eu soin de les mesurer au compas d'épaisseur pour nous assurer de l'identité de leur développement. Ces précautions prises, nous avons pesé cette même longueur (1) et nous avons obtenu, pour le sorgho à balai, 35 grammes, et 137 grammes pour la canne à sucre de la Chine. Cette dernière contenait, sur cette même longeur, 1 décig. 7 centig. de cérosie. Nous regrettons de n'avoir pu étudier ces différentes plantes au point de vue tinctorial. Les études que nous avions commencées à ce sujet, nous ont assuré que le sorgho des Cafres contient dans ses glumelles des principes tinctoriaux qui seront peut-être utiles, mais qui diffèrent complètement de ceux que nous avons obtenus de la canne à sucre de la chine.

(1) Cette expérience a été faite le 1er avril. Les cannes avaient été coupées le même jour et mises côte à côte dans le même local.

Nous pensons que les études précédentes peuvent avoir quelque utilité ; c'est ce qui nous a décidé à les publier. Nous ne tenons nullement au nom de canne à sucre de la Chine, mais nous l'adoptons parce que cette plante est connue en Chine, son berceau, sous cette dénomination.

CHAPITRE II.

Culture de la Canne à sucre de la Chine.

> L'origine et la fin de toutes choses sont cachées dans un mystère, parce que Dieu est leur principe et leur fin ; et l'homme n'en voit que le milieu, parce que son esprit est borné.
>
> Ch. SAINTE-FOI.

La première question qui se présente à l'esprit de l'agriculteur est de savoir quelle est la qualité de terrain qui convient à la plante qu'il veut semer. Des expériences comparatives ont été faites, en France, sur la canne à sucre de la Chine, dans toutes les qualités de terrain, et toutes ont produit des résultats avantageux pour l'agriculteur instruit. Nous conseil-

2

lerons, cependant, quand il s'agit de terrains, d'en étudier, d'une manière particulière, la composition intime, afin de savoir quel est le mode de fumure le plus approprié à la terre dont on dispose. Cette observation générale ne peut guère s'appliquer à la canne à sucre du nord de la Chine. Il est d'observation que, pour la culture de la canne à sucre des colonies, la bagasse, par exemple, ou tout autre objet de ce genre est préférable comme mode de fumure (1). Partant, de ce point, nous engageons à fumer les terres destinées à la culture de la canne à sucre de la Chine, avec des tourteaux ou autres substances qui ne contiennent aucun principe animal, l'ammoniaque étant inassimilable avec la sève des graminées. Ainsi, pour la culture de la canne à sucre, les tourteaux ou autres détritus de

(1) Les terres pourvues d'engrais animaux, quand il s'agit de plantes, qui servent à la fabrication du sucre, donnent, il est vrai, de magnifiques cannes; mais le jus qu'on en extrait est mucilagineux et salin, ce qui le rend tout-à-fait impropre à la fabrication du sucre. Si l'on cultivait la canne à sucre de la Chine dans des terrains nouvellement défrichés, nous sommes sûrs qu'on obtiendrait d'excellents produits et très-abondants; mais il serait urgent, dans ce cas, de défoncer la terre sans la brûler, car autrement on obtiendrait des cannes très-développées, mais qui contiendraient une grande quantité de sucre incristallisable: elles seraient bonnes seulement pour la distillation.

plantes, et l'enfouissement en vert de certains végétaux, peut être d'une grande utilité. Ce dernier mode de fumure, peu usité dans nos contrées, présente de grands avantages pour la culture des graminées.

L'enfouissement en vert doit, d'autant plus, attirer l'attention des grands propriétaires du midi de la France et de l'Algérie, qu'on pourrait peut-être retirer un profit des petits pois ou fèves en vert, par exemple, et enfouir les plantes à la fin du mois d'avril. On obtendrait ainsi, sur le même espace de terrain, deux récoltes (1) : la première, chanceuse, puisqu'elle serait la conséquence d'un hiver plus ou moins rigoureux ; l'autre, assurée et d'un profit certain.

Nous dirons à ce sujet que M. Lautier, propriétaire à la Rose (banlieue de Marseille), a semé des cannes à sucre, de la Chine, dans un champ contenant des pommes de terre, sans autre engrais que celui qui a servi à la culture de cette plante ; il a obtenu deux bonnes récoltes : l'une, de parmentières ; l'autre, de cannes à sucre de la Chine, et encore n'avait-il pas eu le soin d'enfouir les fannes de pommes de terre dans

(1) On pourrait aussi employer les plantes fourragères dont on ferait une première coupe, et qui seraient enfouies à la même époque.

le champ même ; chaque plante de la solanée avait reçu une poignée d'engrais composé, en partie, de fiente de pigeon, et le semis de cannes à sucre de la Chine a été fait sans fumure aucune et à l'époque où les pommes de terre avaient déjà atteint le volume d'un œuf de pigeon et même davantage.

Nous avons eu à notre disposition quelques-unes des cannes provenant de cette plantation ; elles étaient d'un beau développement, mais impropres à la fabrication du sucre par la grande quantité de substances étrangères contenues dans leur jus : ce qui se comprend, si nous réfléchissons que le fumier précédemment mis dans ce sol, était de la fiente de pigeon, et non des engrais végétaux ; cependant, ces cannes pouvaient donner de l'alcool de bonne qualité.

Ce que nous venons de dire précédemment, est corroboré par l'expérience des Chinois (1) que l'on peut

(1) Les Horticulteurs français sont loin d'avoir l'activité des agriculteurs de ce pays peu connu. Chez les Chinois, rien n'est perdu, et il n'est permis à personne de se reposer : hommes, femmes, enfants, estropiés, tout le monde porte son contingent au travail. En est-il de même dans notre beau ciel de Provence ? Nous laissons à chacun de nos lecteurs le soin de résoudre cette question. Déjà, dans quelques salles d'asiles du Nord, on initie les enfants aux études de l'agriculture pratique ; ils manient tour-à-tour la houe, la serpette, le râteau, l'arrosoir et les instruments

citer comme exemple quand il s'agit d'agriculture (car nous devons leur rendre cette justice , qu'ils en savent plus que nous sur ce sujet), les Chinois, dis-je, emploient les engrais selon la plante qu'on doit récolter. Aussi, ils se garderaient bien de fumer de la même façon, des terres destinées à la culture du riz , du thé ou autres plantes.

Ne perdons pas de vue que nous nous occupons d'une plante éminemment chinoise, qu'elle soit particulière au sol de ce pays , ou qu'elle y ait été apportée par des migrations successives , il n'en conste pas moins, que la graine qui nous a été fournie par M. de Montigny , a pris naissance en Chine.

Nous pensons qu'il est très-essentiel de savoir quel est le mode de culture adopté dans la patrie de la graine soumise à notre examen. C'est pour n'avoir pas assez étudié cette question que nous sommes privés , en France, de beaucoup de plantes utiles sous une infinité de rapports, et qui ont, cependant, été essayées. Faisons des vœux pour que nos collègues de la Société

de jardinage, et prennent ainsi des forces pour leurs études intellectuelles : l'on parviendra par ce moyen à obtenir des hommes faits, au lieu de grands enfants. Faisons des vœux pour que notre beau Midi suive cet exemple : la routine jettera les hauts cris, mais le progrès ira trop vite pour entendre ses lamentations.

Impériale zoologique d'Acclimatation, confient l'étude de ces questions à des hommes compétents (1), et nous ne doutons pas qu'ils doteront notre belle patrie d'une immense quantité de plantes utiles, dont l'existence est même ignorée en France. L'Algérie sera la pre-

(1) Quand il s'agit d'acclimatation, ce ne sont pas toujours les hommes les plus éminents dans la science, qui rendent les plus grands services. Pour bien étudier une plante nouvelle, il faut la suivre dans toutes ses évolutions, examiner sa composition physique et morale, s'il est possible de parler ainsi. Ce n'est que par ce moyen qu'on peut arriver à les assimiler à une nouvelle patrie. C'est pourquoi ce n'est pas la grande quantité de graines que l'on reçoit des pays étrangers, qui rend l'acclimatation plus aisée ; la plante qui nous occupe en est un exemple frappant. Sur les dix grammes de graines envoyés au Comice Agricole de Toulon, une seule plante a réussi chez M. Robert, ancien directeur du Jardin botanique de cette ville. C'est à elle que l'on doit tout ce qui se cultive maintenant en France (1). Si MM. les membres du Comice agricole de Toulon n'avaient pas jugé convenable de confier à M. le directeur du Jardin botanique toutes les semences qu'ils avaient reçues, si la précieuse graine était échue en partage à un homme moins zélé pour les intérêts de l'agriculture, on eût dit que la culture de la canne à sucre du nord de la Chine était impossible en France. C'est ce qui est arrivé pour beaucoup de plantes. On ne saurait trop se rappeler que le mot impossible n'est pas français.

(1) Nous devons à la vérité de déclarer que M. de France cultive à la ferme école de Manderel (Tarn) la canne à sucre de la Chine depuis 1851, mais seulement à titre d'essai.

mière étape dans laquelle les plantes seront reçues ; le midi de la France et les environs de Marseille seront les points intermédiaires d'où elles rayonneront dans toutes les contrées.

Quel est le mode de semis que l'on doit adopter ; quelle est l'époque à laquelle on doit le faire ; quels sont les avantages et les inconvénients de la transplantation ou des semis sur place ?

Les uns, prétendent que le semis doit être fait en lignes distantes l'une de l'autre d'un mètre ; d'autres, pensent que l'on peut semer à la volée, en ayant soin, toutefois, plus tard, d'enlever les plants surnuméraires, pour ne laisser, entre chaque plante, qu'un espace limité.

Quant à nous, nous pensons qu'il est indispensable de semer en lignes. Quel avantage, en effet, trouve-t-on de semer à la volée, puisque, plus tard, on sera obligé d'enlever une partie des plants, ce qui implique double travail ? Il est vrai que ces plants peuvent être repiqués dans d'autres terrains.

Mais nous le demandons aux hommes de science, aux hommes pratiques, à ceux qui, par eux-mêmes, ont cultivé avec soin les plantes usuelles : Pensez-vous franchement, la main sur la conscience, qu'une plante enlevée du sol dans lequel elle a pris racine, puisse égaler la force de celle qui n'a pas été dérangée dans son accroissement ? Quelques-uns répondront que la transplantation ne produit aucun dérangement dans la sève. Ils sont dans le vrai, si cette transplantation a été faite dans les conditions voulues, c'est-à-dire si l'on a pris soin d'enlever chaque plant avec une motte de terre assez grande, pour qu'aucune des fibriles de racine n'ait été gravement lésée.

Dans ce cas, nous partageons l'avis de ceux qui prétendent que les plants peuvent être transplantés. Nous comprenons que, dans une culture de quelques mètres carrés, on puisse prendre ces précautions ; mais, nous le demandons à tout homme de bon sens, peut-on les prendre lorsqu'il s'agira de plusieurs hectares de terrain, surveillés sans doute, mais confiés, la plupart du temps, à des mains inintelligentes? Supposant même que l'on prenne toutes les précautions voulues pour l'enlèvement des jeunes plants surnuméraires, ceux qui auront été épargnés, et qui doivent donner une récolte sur ce terrain, seront-ils placés dans des conditions de bonne culture, et pourra-t-on assurer que l'enlèvement de leur voisin ne leur a porté aucun préjudice ?

Des réflexions précédentes ne suit-il pas que le mode

de culture à la volée porte préjudice, non-seulement à la plante enlevée, mais encore à celle qui doit survivre à ces congénères? Si ces considérations ne suffisaient pas pour déterminer les agriculteurs à adopter le semis en ligne, nous leur dirions : Votre intérêt s'y trouve, en effet, si vous disséminez dans vos champs la masse d'engrais nécessaire à la culture de la plante dont nous nous occupons, vous serez obligés d'en mettre une beaucoup plus grande quantité, et le produit que vous en retirerez ne sera pas en rapport avec la dépense faite.

La canne à sucre de la Chine est une graminée. Les plantes de cette famille ne vont pas chercher au loin leur nourriture. Si vous les obligez à éparpiller leurs racines, si vous les mettez dans des conditions telles qu'elles ne puissent pas vivre de leur propre fond, vous aurez toujours, certainement, une récolte; mais elle ne sera pas en proportion de celle obtenue par un voisin plus intelligent.

Quelques-uns prétendent qu'il est préférable de faire des semis sous châssis, fin mars ou dans le courant d'avril, pour pouvoir les transplanter dans la première quinzaine du mois de mai environ. Ce mode de semis, que l'on doit adopter dans les pays où les rigueurs de l'hiver se font sentir pendant une grande partie de l'année, ne peut convenir dans le midi de la France et dans l'Algérie ; nous l'avons surabondamment prouvé dans les lignes précédentes.

La transplantation produit un mouvement d'oscillation dans la plante qui nous occupe : elle retarde sa croissance pendant un temps plus ou moins long, selon la différence des terrains dans lesquels on la transplante. Ce temps perdu est compensé, dans la plante semée sur place, par une plus grande végétation. Chez cette dernière, dès que le semis a levé, il continue son mouvement ascensionnel jusqu'au moment de la maturité complète de ses graines ; si un contre-temps survient à cette plante, elle surmonte bientôt cette difficulté, car elle contient, dans son sein, des germes de vie qui ont été brisés par la transplantation.

Cependant, malgré ce que nous en avons dit, on peut essayer ce mode de culture ; c'est surtout dans les pays froids qu'il sera adopté. Il est à remarquer, en effet, que, plus l'hiver est long, plus la saison chaude acquiert d'intensité. M. de Montigny nous citait, à ce sujet, qu'en Chine, des hivers excessivement rigoureux, tels que nous n'en avons jamais en France, n'empêchent pas d'avoir, pendant quelques mois de l'année, des chaleurs plus que caniculaires. Ce fait explique la possibilité de cultiver la canne à sucre de la Chine, dans des pays même très-froids ; on ne parviendra certainement pas à obtenir la maturité de la graine, mais la plante arrivera à un degré de développement tel qu'elle pourra servir à divers usages. Nous ne serions même pas étonné qu'on parvînt, plus tard, à obtenir, dans ces pays, la maturation de la graine ; le seul moyen pour y parvenir, serait d'avoir son plant disposé de telle façon, qu'on pût le transplanter dès les premiers beaux jours.

Nous conseillons d'essayer, en même temps, le semis sur place, et nous pensons que, si l'on parvenait à le préserver des froids tardifs, on obtiendrait de plus beaux résultats que par la méthode de transplantation (1). On verra, dans le cours de cet ouvrage, que

(1) Quelques graines de canne à sucre de la Chine qui étaient tombées des plantes que nous avons cultivées en 1854, ont passé l'hiver en pleine terre. Au printemps, une façon fut donnée à ce sol pour toute autre culture. Au milieu du mois de mai environ, nous avons vu sortir de ce sol des plantes de canne à sucre de la Chine, qui ont végété avec une vigueur inconnue jusqu'à ce jour. Nous avons eu aussi, à cette époque, quelques racines de l'an passé qui ont poussé des tiges et qui seraient sans doute parvenues à leur maturité, car elles avaient acquis un mètre de longueur, lorsque le cultivateur, ignorant les qualités de

cette plante, parvenue à un certain point de sa végétation, pousse avec une vigueur inconnue dans les graminées que nous cultivons.

A quelle époque doivent se faire les semis? Les uns recommandent de faire, dans le midi de la France, les semis sur place fin mars et au commencement d'avril; d'autres, pensent qu'on doit les faire dans les premiers jours de mai et pendant tout ce mois. Dans le département du Var, on sème en mars et avril; mais il est arrivé, à M. le comte de David de Beauregard, l'honorable président du Comice agricole de Toulon, de perdre ses semis de mars et d'avril par des gelées tardives. C'est donc à la fin d'avril environ qu'on doit ensemencer les terres destinées à la culture de la canne à sucre de la Chine. Dans les pays plus au nord que le département des Bouches-du-Rhône, on peut semer jusqu'à fin mai.

Le semis doit se faire en lignes espacées d'un mètre dans un sens, et de trente, quarante, cinquante, soixante-quinze centimètres dans l'autre, selon la nature du terrain et les arrosements dont on peut disposer; nous

ces plantes, et étant gêné par elles dans ses travaux, les a arrachées. On y voyait la racine ancienne, dont la couleur foncée contrastait avec la couleur jaunâtre de la racine nouvelle.

avons même cultivé en lignes espacées d'un mètre dans tous les sens, et nous devons à la vérité de dire que les produits ont été à peu près égaux d'un côté comme de l'autre ; toutefois, nous avons adopté définitivement la distance d'un mètre dans un sens, et quarante centimètres dans l'autre (1). Ces mesures ne sauraient être, cependant, rigoureuses, attendu qu'elles dépendent, en grande partie, de la qualité du terrain et des arrosements dont on peut disposer.

On nous reprochera sans doute de n'avoir pas encore dit de quelle façon on devait préparer la terre destinée à la culture de la canne à sucre de la Chine. Le mode de préparation usité pour la culture du maïs est celui que l'on doit employer ; seulement, lorqu'on sème la

(1) Ce qui nous a déterminé à adopter ce mode de plantation, c'est la nécessité dans laquelle on se trouve journellement de passer à travers la plantation, la récolte ne se faisant pas d'un seul jet, mais successivement sur une même plante. On comprend parfaitement qu'une distance de cinquante centimètres n'est pas suffisante dans une plante qui occupe quelquefois un mètre carré : c'est ce qui nous est arrivé dans nos semis de 1854. A cette époque, M. Decaisne, ayant demandé à l'honorable Président de la Société d'Horticulture de Marseille un échantillon de la canne à sucre de la Chine, nous lui avons envoyé une plante ayant dix-huit tiges, et sur laquelle on pouvait suivre toutes les phases de la vie de la plante, depuis sa naissance jusqu'à la maturation de sa graine.

canne à sucre de la Chine, on doit, dans chaque trou, mettre le tourteau avec trois graines, si l'on ne préfère suivre le procédé employé par M. Caralp, chef de culture au Pénitencier Saint-Pierre, de Marseille, qui, au moment du buttage de la plante, a mis le tourteau tout autour des jeunes plans.

A notre avis, ce dernier mode de fumure est recommandable; quant à nous, nous avons obtenu une bonne récolte, sur un sol de bonne qualité, qui, depuis dix ans, était cultivé en artichauts, lesquels artichauts n'avaient jamais été fumés ; au mois d'avril, au moment où les feuilles d'artichaut avaient déjà acquis un certain degré de développement, nous avons fait donner une facture à la bèche d'environ 30 centimètres de profondeur, recommandant de mettre au fond les feuilles d'artichaut et d'enlever les grosses racines. Ce mode de fumure à bon marché nous a bien réussi.

Avant de semer la graine de la canne à sucre de la Chine, il est utile de la baigner dans de l'eau pendant 24 à 48 heures ; par ce moyen, on arrive à une végétation plus active ; on peut même les tremper dans l'eau tiède, ce qui serait encore préférable. Il est indispensable de ne pas les enfouir trop profondément ; un trou de deux ou trois centimètres est suffisant. Nous sommes persuadé que, beaucoup de personnes qui ont essayé la culture de cette plante, et qui n'ont pas réussi, doivent à la profondeur à laquelle ils avaient enterré leurs graines, la perte de leur semence (1). Nous avons semé des graines avec et sans leurs cupules : les premières, ont mis quinze jours à sortir de terre; les secondes, dix jours. On voit qu'il serait utile d'enlever la cupule, afin d'obtenir une sortie plus prompte. Ce mode de préparation est indispensable dans les pays où la chaleur est de peu de durée ; la promptitude de la première végétation de cette plante étant indispensable pour une bonne réussite.

Dans certains terrains plus humides, la germination se fait plus tôt, surtout si la chaleur de la terre aide cette première germination. Nous avons semé des cannes à sucre de la Chine dans une serre chauffée, maintenue constamment à une température de 26 degrés centigrades, et ce n'est que dix jours après que nous avons vu sortir la plante du sol. Nous en avons conclu que

(1) Quoique les moineaux mangent très-volontiers cette graine, il ne nous ont fait aucun mal dans nos plantations, où toutes les graines ont germé, sans exception. Nous pensons, cependant, qu'il est utile de les éloigner des champs semés au moyen dépouvantails.

cette température était indispensable pour la germination de cette graminée, tandis que les sorgho à balais, blanc, des Cafres, soumis à la même expérience, sont sortis : le premier, au bout de huit jours ; le deuxième, au bout de sept jours; celui des Cafres, en huit jours. Une fois hors du sol, les sorgho ont poussé avec vigueur ; il n'en a pas été de même de la canne à sucre de la Chine ; cette dernière, quoique hors de terre, est restée plusieurs jours avant de montrer ses feuilles ; elle était, cependant, placée dans les mêmes conditions que les autres plantes : elle demande donc une plus grande chaleur.

L'enfance de la canne à sucre de la Chine est longue; mais, une fois qu'on a dépassé cette période de sa vie, on est presque assuré d'une bonne réussite, malgré quelques variations dans la température, pourvu qu'elle ne baisse point au-dessous de deux degrés sur zéro.

Le binage doit se faire un mois environ après la sortie de la plante; un sarclage précédent serait indispensable dans un sol foisonnant en mauvaises herbes.

Faut-il butter ces plantes? Nous ne déciderons pas la question, mais nous dirons : Dans les cultures que nous avons faites, les plantes buttées ont moins résisté aux vents impétueux ; ce qui nous a fait présumer que le buttage était loin d'être indispensable. Une seconde considération, qui mérite toute la sollicitude de l'agriculteur, est que les racines de la canne à sucre de la Chine sont de deux espèces : l'une, primitive, sert à donner la nourriture à la plante ; d'autres, que nous appellerons secondaires ou adventices, prennent naissance aux nœuds, au-dessus du sol, viennent ensuite donner à la plante non-seulement un étai suffisant, mais encore des suçoirs destinés, sans doute, à la nourriture de la graine et à la production des œilletons qui se manifestent, quelquefois, peu de temps après la sortie des racines (1).

Nous avons butté à 15 centimètres de profondeur à l'époque où les plantes allaient lancer leurs secondes racines. Cet isolement de l'atmosphère a suspendu la production des racines secondaires ; la plante s'est

(1) Les racines secondaires de la canne à sucre de la Chine se développent au moment où la plante commence à taller ; elles sont complètement différentes de celles émises par les maïs ; ces dernières ne sont pas pourvues de suçoirs, et servent, seulement, à maintenir la plante sur le sol. Pour sanctionner ce fait, nous avons cultivé, concurremment sur le même terrain, la canne à sucre de la Chine et les maïs, jamais ces derniers n'ont poussé des suçoirs aux racines destinées à consolider la plante dans le sol.

étiolée ; elle a donné des cannes d'une grosseur insignifiante et des épis moindres encore.

L'espace de terrain soumis à cette épreuve, comprenait 2 mètres 80 centimètres de large, sur 10 mètres de longueur, et contrastait d'une manière pénible avec la vigueur des plantes, qui n'avaient pas été soumises au même traitement : la teinte blafarde de leurs tiges, l'exiguité de leur hauteur, la diminution d'ampleur des feuilles, indiquaient assez que la plante avait été privée d'une partie essentielle de sa nourriture. Nous avons constaté, en les arrachant plus tard, que, depuis cette époque, la canne n'avait poussé aucune racine : elle vivait sur ses racines anciennes et n'avait pas la force d'en pousser de nouvelles. Une ou deux plantes ont, seules, fait exception à cette règle et donné des panicules un peu plus gros, mais qui n'avaient que 10 à 15 cent de hauteur. Il nous semble prouvé, d'après cette expérience, que la canne à sucre de la Chine a besoin de racines élevées au-dessus du sol (1), prenant dans l'atmosphère une alimentation,

(1) Nous avons vu des cannes à sucre de la Chine pousser des racines par des nœuds élevés d'un mètre au-dessus du sol. Il n'est pas rare de voir pousser ces racines des trois premiers nœuds; elles filent alors le long de la canne, et viennent ensuite

fournie sans doute par l'air ambiant, et une élaboration de suc qui est due au contact de ses racines avec l'ardeur du soleil. Nous pensons donc que le buttage est inutile à cette plante; nous oserions presque dire qu'il est dangereux.

Quoique la canne à sucre de la Chine réussisse dans des terrains non arrosables, nous pensons qu'il est utile de pouvoir lui donner une humidité raisonnable, qui est indispensable pour sa bonne venue. Nous savons que la canne à sucre des colonies, cultivée dans un terrain sec, produit des cannes plus sucrées, plus faciles à cuire, et qui rendent davantage que celles cultivées dans des terrains humides; dans ce dernier cas, elles sont plus aqueuses, plus dures et moins sucrées. Il faut dire aussi que la saison y contribue beaucoup; plus elle est sèche, plus les cannes ont des susbtances épurées et prêtes à se convertir en sucre; il en est

s'implanter dans le sol. Nous avons eu une plante qui se trouvait sur le bord d'une rigole de 30 centimètres de profondeur; elle avait poussé, du premier nœud au-dessus du sol, des racines nombreuses qui venaient, s'implanter dans le fond de la rigole; là, elles se divisaient en une infinité de suçoirs. Nous avons remarqué que l'émission de ces racines correspondait généralement avec l'émission des branches partant de chacun des nœuds de la plante.

de même de la canne à sucre de la Chine ; mais, dans notre beau climat de Provence, où nous sommes privés, quelquefois, de pluies pendant cinq à six mois, il serait difficile de cultiver cette plante sans arrosement. On peut le faire seulement dans les localités où quelques pluies viennent entretenir l'humidité du sol. Plusieurs personnes, à qui nous avions donné des graines, les ayant essayées dans des terrains non arrosés, ont obtenu une récolte moyenne ; il est donc à présumer que cette plante réussira, même dans des terres sèches ; dans ce cas, il serait utile de savoir si la quantité de sucre qui y serait contenue et sa facilité d'extraction ne compenserait pas en partie la diminution de quantité.

Un arrosement par semaine, deux au plus, selon la qualité du sol, suffisent pour donner une bonne récolte, et des produits aussi parfaits qu'on peut le désirer.

On devrait essayer la culture de la canne à sucre de la Chine dans des terres presque marécageuses ; nous pensons que les plantes, venues dans ces conditions, seraient impropres à la fabrication du sucre ; mais, tout nous porte à croire que l'on pourrait en retirer une grande quantité de fécule et d'eau-de-vie. Les expériences que nous avons faites sur deux ou trois plantes mises exprès dans ces conditions, nous font penser que l'on devrait tenter des essais en grand.

Il serait d'autant plus utile d'essayer ce mode de culture, qu'il développerait, peut-être, dans cette plante, divers produits qui la rapprocheraient du *sagouier* ou *sagoutier*, c'est-à-dire une fécule *sui generis*, qui serait d'une grande ressource dans l'alimentation des maladies. Nous comptons, du reste, poursuivre nos études sur ce sujet intéressant à divers points de vue. Nous ne saurions trop encourager les travaux qui tendent à découvrir dans les plantes les ressources infinies déposées dans leur sein par le Créateur. Si les études qui visent à ce but étaient poussées avec activité, nous ne serions pas obligés d'être tributaires de l'étranger pour beaucoup de substances utiles qui sont devenues indispensables à nos besoins. Cet affranchissement de l'étranger pourra, diront certaines personnes, porter tort au commerce. Que les gens timorés, arrêtés par cette crainte, se rassurent. Si la France était assez riche de son propre fonds pour se délivrer des tributs énormes qu'elle paie à l'étranger, l'exportation, véritable richesse du pays, prendrait un développement dont on se ferait difficilement une idée. Puisse ce jour désiré luire bientôt sur notre belle patrie! Elle arriverait ainsi à un point de prospérité tel qu'aucune contrée ne pourrait lui disputer la suprématie. Qu'on se persuade bien que le grand talent d'un gouvernement est de faire produire à son pays le plus possible. L'exportation est, à notre avis, le but vers lequel doivent tendre tous les efforts des économistes.

CHAPITRE III.

Etudes sur la croissance de la canne à sucre de la Chine.

Dieu a créé la nature pour l'homme,
et il a créé l'homme pour sa gloire,
afin qu'il élève la nature jusqu'à Dieu.
Ch. SAINTE-FOI.

La canne à sucre de la Chine commence par se séparer de la cupule de la graine (1) ; elle lance une petite racine

(1) Nous appellons cupule de la graine l'enveloppe violacée qui recouvre la graine elle-même. Nous pensons que cette appellation, quoique non-usitée, rend mieux notre pensée que le mot glumelle, attendu que la graine est enfermée dans cette partie comme le gland dans sa cupule.

qui maintient cette cupule au centre d'une cavité en entonnoir, qui se trouve au-dessous de la tige principale. Si plusieurs graines ont été mises dans le même trou et qu'elles aient toutes levé, vous retrouvez, dans l'entonnoir en question, même après la récolte (1), chacune des cupules séparées. La teinte de cette première racine est violacée ; elle contraste généralement avec la couleur des racines environnantes qui est jaunâtre.

Cette plante monte rarement sur une seule tige. Peu de temps après la sortie de la tige principale, il se forme des drageons qui commencent à pousser. Cette canne s'élève d'abord directement ; elle pousse en rudiments chacun des entre-nœuds qu'elle doit développer plus tard, et chacun d'eux porte une feuille

(1) Nous avons montré à plusieurs de nos collègues de la Société d'Horticulture de Marseille, nombre de racines que nous avions arrachées après la récolte, et qui toutes présentaient ce phénomène remarquable qui vient à l'appui de notre opinion sur l'inutilité d'employer, pour les semis, des graines avec leur cupule.

Les graines que nous avions semées sans cupule, ont présenté dans le centre de la racine une cavité en forme d'entonnoir dont la grande ouverture allait toujours en s'agrandissant vers l'extrémité des racines; mais il n'y avait pas trace de la graine dans le centre de l'entonnoir.

qui acquiert des dimensions plus ou moins grandes selon le sol dans lequel elles se sont développées.

La croissance de la feuille se termine au moment où la plante commence à taller ; alors, les entre-nœuds s'allongent avec une rapidité remarquable.

Nous croyons être utile à nos lecteurs en leur donnant un tableau exact de la croissance des cannes à sucre que nous avons recueillies chez nous. Nous en avons pris sept au hasard, et nous avons suivi leur croissance jusqu'au moment de leur parfaite maturité :

Le n. 1 n'a point de traces d'épi, il a six feuilles non développées; sa hauteur au-dessus du sol est d'un mètre 45 cent. A dix heures du matin (heure à laquelle nous les avons tous régulièrement mesurés), son épaisseur au premier nœud, est de 2 cent. de diamètre.

Dans le n. 2, on voit la forme de l'épi se dessinant à travers les feuilles, six nœuds sont à nu. La hauteur au-dessus du sol est d'un mètre 92 cent. L'épaisseur, au premier nœud, est de 2 cent. de diamètre.

Le n. 3 n'est pas entièrement défourlé ; il fleurit dans la partie supérieure de l'épi. La hauteur au-dessus du sol est de 2 mètres 44 cent. L'épaisseur, au premier nœud, est de 16 millimètres de diamètre.

L'épi du n. 4 commence à défourler. La hauteur

au-dessus du sol est de 2 mètres 26 cent. L'épaisseur est de 17 millimètres de diamètre.

Le n. 5 possède un épi fleuri jusqu'au trois quarts de sa hauteur. Cette plante est exhaussée, au-dessus du sol, de 2 mètres 61 millimètres. L'épaisseur est de 16 millimètres de diamètre,

La floraison de l'épi est complète dans le n. 6. La partie supérieure commence même à rougir ses premières graines. Hauteur au-dessus du sol, 3 mètres 5 millimètres. Epaisseur, 2 cent. 5 millimètres.

Le n. 7 a les fleurs de la partie inférieure de l'épi qui se dessèchent. La hauteur au-dessus du sol est de 3 mètres 7 centimètres. L'épaisseur est de 2 centimètres 5 millimètres.

Maintenant que nous savons sur quels sujets nous avons affaire, nous allons donner un tableau de leur croissance journalière en hauteur, en ayant soin, toutefois, d'indiquer les jours où il nous a été impossible de les mesurer, vu l'état de l'atmosphère.

Second jour.

N. 1. Croissance 4 cent.
N. 2. id. 4 cent. 5 millim.
N. 3. id. 6 cent. 2 millim.
N. 4. id. 8 cent. 5 millim.

N. 5. Croissance 5 cent. 7 millim.

N. 6. id. 0

N. 7. id. 1 cent. 8 millim.

Il est impossible de les mesurer le jour suivant à cause de la pluie.

Quatrième jour.

N. 1. Croissance 14 cent. 1 millim.

N. 2. id. 7 cent. 6 millim.

N. 3. id. 13 cent.

N. 4. id. 17 cent.

N. 5. id. 7 cent. 7 millim.

N. 6. id. 2 cent. 3 millim.

N. 7. id. 20 cent.

Cinquième jour.

N. 1. Croissance 5 cent. 1 millim.

N. 2. id. 3 cent. 8 millim.

N. 3. id. 4 cent.

N. 4. id. 11 cent.

N. 5. id. 1 cent. 3 millim.

N. 6. id. 7 cent. 8 millim.

N. 7. id. 3 cent. 1 millim.

Sixième jour.

N. 1. Croissance 5 cent. 7 millim. (L'épi n'a pas défourlé.)

N. 2. id. 3 cent. 8 millim. (Commence à défourler.)

N. 3. id. 3 cent. 1 millim. (Fleuri jusqu'au trois quarts de la hauteur.)

N. 4. Croissance 8 cent. 7 millim. (Complètement fleuri.)
N. 5. id. 1 cent. 2 millim. (La fleur est tombée dans les 3/4 supérieurs de l'épi.)
N. 6. id. 3 cent. 6 m. (La cupule passe à la couleur jaune dans toute la hauteur de l'épi.)
N. 7. id. 0. (Cupule violacée dans la partie supérieure de l'épi.)

Toute la journée précédente a été pluvieuse.

Septième jour.

N. 1. Croissance 5 cent. 1 millim.
N. 2. id. 7 cent. 5 millim.
N. 3. id. 1 cent. 5 millim.
N. 4. id. 6 cent. 1 millim.
N. 5. id. 0
N. 6. id. 0.
N. 7. id. 0.

Huitième jour.

Le temps est au nord-ouest.

N. 1. Croissance 2 cent. 3 millim.
N. 2. id. 4 cent. 2 millim.
N. 3. id. 0. (Fin de la floraison.)
N. 4. id. 2 cent.
N. 5. id. 5 millim. (A fini de fleurir.)
N. 6. id. 0. (Les graines du haut de l'épi sont sorties de leur cupule.)
N. 7. id. 0. (Les graines sont sorties de leurs cupules dans les 3/4 supérieurs de l'épi.)

Neuvième jour.

Le vent du nord-ouest a pris une très-grande intensité.

N. 1. Croissance 5 cent. 7 millim. (Le vent brise la canne vers son tiers supérieur. Nous avons le soin de la soutenir.)

N. 2. id. 4 cent. 7 millim. (Commence à fleurir.)

N. 3. id. 0. (A fini de fleurir.)

N. 4. id. 1 cent. 9 millim.

N. 5. id. 0.

N. 6. id. 0. (L'épi a pris une teinte acajou dans la partie supérieure de la cupule qui est violacée dans le bas.)

N. 7. id. 0.

Ils n'ont pas été mesurés le jour suivant ; mais le lendemain, nous les avons mesurés, non-seulement en hauteur, mais encore en épaisseur.

Onzième jour.

HAUTEUR.

N. 1. 4 cent. (N'a pas défourlé.)

N. 2. 10 cent. (Commence à fleurir à l'extrémité de l'épi.)

N. 3. 1 cent. 2 millim. (Grainé dans les 3/4 de sa haut.; quelques fleurs à l'extrémité inférieure de l'épi.)

N. 4. 4 cent. 1 millim. (Défleuri dans la partie supérieure de l'épi ; pleine floraison dans les 3/4 inférieurs.)

N. 5. 0. (Complètement défleuri ; les graines du haut de l'épi prennent de l'accroissement.)

N. 6. 0. (La graine sort de la cupule dans la partie supérieure de l'épi.)

N. 7. 0. (Il n'y a plus que les deux derniers rangs du bas de l'épi dont les graines ne soient pas sorties de leur cupule.)

ÉPAISSEUR.

Grand diamètre	*Petit diamètre.*
N. 1. 2 cent. 1 mill.	1 cent. 8 mill.
N. 2. 2 cent.	1 cent. 6 mill. 1/2.
N. 3. 1 cent. 6 mill.	1 cent. 5 mill.
N. 4. 1 cent. 7 mill.	1 cent. 6 mill.
N. 5. 2 cent.	1 cent. 9 mill.
N. 6. 2 cent. 2 mill.	1 cent. 9 mill.
N. 7. 2 cent. 4 mill.	2 cent. 3 mill.

Nous restons deux jours sans les mesurer.

Quinzième jour.

CROISSANCE EN HAUTEUR.

N. 1. 8 cent. (L'épi commence à défourler.)

N. 2. 16 cent. 5 millim. (La sommité de l'épi commence à fleurir.)

N. 3. 0. (A complètement fini de fleurir. La graine prend une teinte rougeâtre dans la partie supérieure de l'épi.)

N. 4. 4 cent. 5 millim. (Fleuri aux 3/4 inférieurs de l'épi.)

N. 5. 0. (Les graines de la partie inférieure de l'épi rougissent.)

N. 6. 0. Les graines de la partie supérieure de l'épi commencent à jaunir dans la partie qui sort de la cupule ; les graines inférieures rougissent dans le bas de la cupule.)

N. 7. 0. (Une partie de la cupule est violacée dans la partie supérieure de l'épi ; couleur terre de Sienne brûlée dans la partie moyenne et jaune dans le bas de l'épi.

Les plantes n'ont pas été mesurées les deux jours suivants. Le tableau ci-dessous est le dernier.

Dix-huitième jour.

CROISSANCE EN HAUTEUR.

N. 1. 12 cent. (Le vent l'a complètement brisé.)

N. 2. 11 cent. (Est complètement en fleur.)

N. 3. 0. (Commence à rougir dans le bout de l'épi et complètement défleuri dans le bas.)

N. 4. 2 cent. 5 millim. (La partie supérieure de l'épi est complètement défleurie. Complètement en fleurs dans le bas de l'épi.)

N. 5. 0. (Quelques grains de la partie inférieure de l'épi jaunissent.)

N. 6. 0. (Les grains de la partie supérieure de l'épi sont sortis de leur cupule et prennent une teinte fauve.)

N. 7. 0. (Les graines de la partie moyenne de l'épi sortent de leur cupule.)

En relisant les tableaux ci-dessus, on aura sans doute

observé que la floraison de l'épi se partage en trois parties bien distinctes, à plusieurs jours de distance l'une de l'autre. Il en est de même de la maturation de la graine. Il est donc indispensable de ne cueillir l'épi qu'au moment où la partie inférieure est d'une teinte violacée, et encore est-il utile de l'enlever avec le fût qui s'arrête au premier nœud, et qui a un mètre de long le plus ordinairement.

Nous allons donner ci-dessous un tableau contenant la mesure, en hauteur et en épaisseur, de chacune des cannes prises au hasard, et mesurées sur leur hauteur ainsi que dans leur deux diamètres. Nous pensons que ce travail présentera quelque intérêt. Il porte sur six cannes.

Longueur totale de la première canne privée du fût : 2 mètres 70 cent.

HAUTEUR. (1)				ÉPAISSEUR.	
				Grand diamètre.	Petit diamètre.
1	Entre-nœuds	15	centimètres.	2 cent. 6 mill.	2 cent. 5 mill.
2	Id.	23	id.	2 cent. 5 mill.	2 cent. 2 mill.
3	Id.	27	id.	2 cent. 3 mill.	2 cent.
4	Id.	28	id.	2 cent. 1 mill.	2 cent.
5	Id.	29	id.	2 cent.	1 cent. 9 mill.
6	Id.	30	id.	1 cent. 8 mill.	1 cent. 3 mill.
7	Id.	31	id.	1 cent 5 mill.	1 cent. 4 mill.
8	Id.	31	id.	1 cent. 3 mill.	1 cent. 2 mill.
9	Id.	29	id.	1 cent. 3 mill.	1 cent. 2 mill.

(1) Nous avons commencé à mesurer par l'entre-nœuds le plus rapproché du sol.

Longueur totale de la seconde canne, 2 mètres 80 cent.

HAUTEUR.				ÉPAISSEUR. Grand diamètre.	Petit diamètre.
1	Entre-nœuds	20	centimèt.	2 cent. 7 mill.	2 cent. 4 mill.
2	Id.	23	id.	2 cent. 5 mill.	2 cent. 3 mill.
3	Id.	27	id.	2 cent. 4 mill.	2 cent. 2 mill.
4	Id.	27	id.	2 cent. 4 mill.	2 cent. 2 mill.
5	Id.	27	id.	2 cent. 1 mill.	2 cent.
6	Id.	27	id.	1 cent. 9 mill.	2 cent.
7	Id.	28	id.	1 cent. 9 mill.	1 cent. 7 mill
8	Id.	30	id.	1 cent. 7 mill.	1 cent. 6 mill.
9	Id.	30	id.	1 cent. 7 mill.	1 cent. 5 mill.
10	Id.	30	id.	1 cent. 4 mill.	1 cent. 3 mill.

Longueur totale de la troisième canne, 2 mètres 70 cent.

HAUTEUR.				ÉPAISSEUR. Grand diamètre.	Petit diamètre.
1	Entre-nœuds	19	centimètres.	2 cent. 7 mill.	2 cent. 5 mill.
2	Id.	24	id.	2 cent. 5 mill.	2 cent. 3 mill.
3	Id.	24	id.	2 cent. 3 mill.	2 cent. 2 mill.
4	Id.	27	id.	2 cent. 2 mill.	2 cent. 1 mill.
5	Id.	30	id.	2 cent. 2 mill.	2 cent. 1 mill.
6	Id.	32	id.	2 cent.	2 cent.
7	Id.	34	id.	1 cent. 9 mill.	1 cent. 5 mill.
8	Id.	27	id.	1 cent. 5 mill.	1 cent. 5 mill.
9	Id.	30	id.	1 cent. 3 mill.	1 cent. 3 mill.

Longueur totale de la quatrième canne, 2 mètres 70 cent.

HAUTEUR.				ÉPAISSEUR. Grand diamètre.	Petit diamètre.
1	Entre-nœuds	20	centimètres	2 cent.	1 cent. 8 mill.
2	Id.	34	id.	2 cent. 1 mill.	1 cent. 9 mill.
3	Id.	34	id.	1 cent. 7 mill.	1 cent. 6 mill.
4	Id.	32	id.	1 cent. 5 mill.	1 cent. 4 mill.
5	Id.	35	id.	1 cent. 5 mill.	1 cent. 4 mill.
6	Id.	36	id.	1 cent. 4 mill.	1 cent. 3 mill.
7	Id.	35	id.	1 cent 3 mill.	1 cent. 3 mill.
8	Id.	31	id.	1 cent. 1 mill.	1 cent.

Longueur totale de la cinquième canne, 3 mètres 2 cent.

HAUTEUR.				ÉPAISSEUR. Grand diamètre.	Petit diamètre.
1	Entre-nœuds	20	centimètr.	2 cent. 8 mill.	2 cent. 5 mill.
2	Id.	23	id.	2 cent. 5 mill.	2 cent. 4 mill.
3	Id.	26	id.	2 cent. 4 mill.	2 cent. 4 mill.
4	Id.	27	id.	2 cent. 2 mill.	2 cent. 1 mill.
5	Id.	30	id.	2 cent. 1 mill.	2 cent
6	Id.	34	id.	2 cent. 1 mill	2 cent.
7	Id.	34	id.	1 cent. 9 mill.	1 cent. 8 mill.
8	Id.	33	id.	1 cent. 7 mill.	1 cent. 6 mill.
9	Id.	29	id.	1 cent. 6 mill.	1 cent. 5 mill.
10	Id.	30	id.	1 cent. 4 mill.	1 cent. 3 mill.

Longueur totale de la sixième canne, 2 mètres 50 cent.

HAUTEUR.				ÉPAISSEUR. Grand diamètre.	Petit diamètre.
1	Entre-nœuds	15	centimèt.	2 cent. 7 mill.	2 cent. 6 mill.
2	Id.	16	id.	2 cent. 5 mill.	2 cent. 4 mill.
3	Id.	26	id.	3 cent. 3 mill.	3 cent. 2 mill.
4	Id.	30	id.	2 cent. 3 mill.	2 cent.
5	Id.	29	id.	2 cent. 1 mill.	2 cent.
6	Id.	27	id.	1 cent. 9 mill.	1 cent. 8 mill.
7	Id.	29	id.	1 cent. 8 mill.	1 cent. 5 mill.
8	Id.	30	id.	1 cent. 6 mill.	1 cent. 5 mill.
9	Id.	29	id.	1 cent. 4 mill.	1 cent. 4 mill.
10	Id.	27	id.	1 cent. 8 mill.	1 cent. 7 mill.

Nous avons pensé qu'il était utile de peser quelques plantes entières, privées de leurs graines, de leur fût et de leurs racines, mais cependant, avec leurs feuilles. Cette expérience a porté sur cinq plantes : la première avait une seule tige et pesait un kilog ; la seconde avait trois tiges et pesait 2 kilog. 900 grammes ; la troisième, avait quatre tiges et pesait 3 kilog. 200 grammes; la quatrième, avait cinq tiges et pesait 3 kilog. 400 grammes ; la cinquième, composée de six tiges, pesait 4 kilog. 600 grammes.

Nous avons vu des cannes seules, privées de leurs fûts, qui pesaient 574 grammes ; d'autres étaient d'un poids plus élevé.

Nous avons mesuré, sur place, quelques-unes de nos cannes à sucre de la Chine, à partir du sol jusqu'à la hauteur des épis. Les chiffres suivants sont le résultat de ce travail :

2 mètres 50 cent.
3 mètres 30 cent.
3 mètres 50 cent.
3 mètres 60 cent.
3 mètres 65 cent.
3 mètres 70 cent.
3 mètres 75 cent.
3 mètres 80 cent.
4 mètres 8 cent.

La hauteur que nous indiquons ici n'est pas toujours celle de cette plante ; si nous en croyons ce qui nous a été rapporté, on aurait obtenu, dans le département des Bouches-du-Rhône, des hauteurs de cinq mètres ; celle de six mètres serait commune en Algérie. Nous ne serions pas étonné que le climat de notre belle colonie influât d'une manière toute particulière sur cette plante, et qu'on pût obtenir, en Algérie, des rendements auxquels nous ne pouvons prétendre en France.

La hauteur des épis, depuis leur sommité jusqu'à leur base, est de :

18 centimètres.
29 id.
32 id.
33 id.
34 id.
42 id.

Nous avons dépouillé les épis parfaitement desséchés. Ils ont donné en graines :

5	grammes (1).	71	grammes.
12	Id.	71	Id.
17	Id.	72	Id.
19	Id.	77	Id.
26	Id.	75	Id.
39	Id.	80	Id.
43	Id.	97	Id.
55	Id.		

Nous allons donner la mesure exacte des racines d'une plante comptant six tiges, cultivée dans un endroit humide, et qui avait été buttée :

Diamètre de l'entonnoir, formé par la racine, et dont nous avons parlé ci-dessus, 4 centimètres dans sa partie la plus étroite.

Longueur de la radicelle supportant la cupule de la graine dans la partie moyenne, 25 centimètres de longueur, depuis son insertion au collet de la racine.

Longueur des racines primitives, 34 centimètres.

Longueur des racines secondaires, 43 centimètres.

Nous avons obtenu une variété de la canne à sucre de la Chine à feuilles panachées de jaune paille foncé.

Ces panachures étaient longitudinales à partir de l'insertion de la feuille contre la tige ; les panachures

(1) Cet épi est celui qui provient d'une des plantes chaussées à l'époque où elles allaient lancer leurs secondes racines. On verra, par la différence qui existe entre lui et les suivants, combien l'absence de ces racines lui a été funeste.

s'y radiaient ensuite en prenant pour point de départ la nervure médiane. Malheureusement, cette magnifique plante, qui a été admirée par toutes les personnes qui l'ont vue, n'est pas parvenue à maturité ; les gelées l'ont surprise avant la parfaite maturation de sa graine.

Il est à remarquer que la feuille de la canne à sucre de la Chine, est d'une flexibilité telle, qu'elle peut former un rond parfait sans se briser. Il pousse, aux entre-nœuds de la canne, de véritables boutures naturelles, se détachant, pour ainsi dire, de la mère-plante, et lançant, dans l'espace, des radicelles qui atteignent quelquefois plus d'un mètre de longueur. Nous avons détaché quelques-unes de ces boutures naturelles ; elles ont continué à pousser dans le sol, faisant ainsi de nouvelles plantes, que le froid a fini par tuer. Nous étions dans le mois d'octobre, quant nous avons fait ces expériences, et les pousses ont continué jusqu'aux premières gelées. Il serait à désirer que cette expérience fût faite en Algérie et dans les pays où la température ne descend pas au dessous de 2 degrés sur 0.

Un roseau de canne à sucre de la Chine, parvenu environ à la moitié de sa hauteur, a été brisé, par un accident, au milieu du nœud à un mètre environ au-dessus du sol. Il ne tenait plus à la mère-plante que par un lambeau de peau de trois millimètres de largeur. Quel n'a pas été notre étonnement de voir pousser de la partie supérieure de ce nœud, qui avait été brisé, des racines en tire-bouchon, venant contourner complètement le bout de canne qui était encore adhérent au sol, s'implanter ensuite, dans la moëlle même de la canne. Ces racines étaient au nombre de six, formant sur elles-mêmes un véritable tire-bouchon. Le bout supérieur de la canne s'est relevé ; il a fourni des fleurs et un épi aussi beau que ses voisins qui n'avaient eu aucun accident ; seulement, la canne était moins élevée.

Trois fois nous avons vu des cannes brisées par le vent, se conduire de la même façon.

Nous laissons à nos lecteurs le soin d'apprécier tout le parti qu'on peut tirer d'une plante qui est aussi vivace. Nous ne pensons pas qu'on puisse dire d'elle qu'elle est annuelle, d'autant plus que nous avons eu, l'an passé, un éclat de canne à sucre de la Chine, qui faisait partie du pied présenté à la Société d'Horticulture de Marseille, à son Exposition du 10 mars 1855 (1),

(1) L'exhibition des produits que nous avons retirés de la canne à sucre de la Chine, dite sorgho à sucre, nous a valu d'obtenir une médaille de vermeil, grand module, à cette Exposition. Nos produits ont été admis à l'Exposition universelle de Paris.

qui nous adonné, au mois de mai, une pousse verdoyante. Malheureusement, elle a été tuée, de même que la racine, par une gelée tardive du 15 mai. Nous pensons donc que cette plante n'est pas annuelle, comme on a bien voulu le dire, mais vivace dans les pays où il ne gêle pas, comme dans certaines parties de l'Algérie, par exemple.

Nous avons bouturé la canne à sucre de la Chine plusieurs fois ; elle a poussé dans tous les cas où l'on avait séparé de la plante un nœud commençant à former un bourrelet. Elle a réussi, de même, dans tous les cas où nous avons mis en terre des morceaux de canne ayant un nœud dans la partie inférieure. Elles n'ont jamais réussi lorsqu'on n'avait pas eu la précaution de couper la canne rez du nœud.

CHAPITRE IV.

Etude sur la maturité de la canne à sucre de la Chine.

> Le meilleur moyen de cacher son ignorance, c'est de ne parler que des choses qu'on a étudiées avec soin.

La canne à sucre de la Chine reste environ cinq mois pour acquérir tout son développement; nous disons environ, car selon la nature du sol, les arrosements auxquels la plante a été soumise, les différentes variations de température, on obtient une récolte plus ou moins précoce. Nous avons étudié cette graminée pour savoir à quelle epoque de la végétation les tiges commençaient à devenir sucrées, quelle était la partie de la plante qui contenait le plus de sucre dans le principe. Ces divers travaux ont été faits afin de savoir à quelle époque la canne devait être coupée, et s'il était utile de la priver des panicules au moment où ils se montrent, afin d'augmenter la quantité de sucre des tiges. Nous consignons ici le résultat de nos expériences, désirant qu'elles soient répétées dans différents climats, afin de savoir si l'influence de température serait pour quelque chose dans la production plus abondante du sucre dans telle ou telle autre partie de la plante.

Lorsque le panicule commence à fleurir, la flèche qui le supporte contient une quantité de sucre égale à celle qu'on retrouvera plus tard dans les parties inférieures de la plante. A mesure que la maturation se fait le panicule prend les couleurs jaune, rouge, brun dans la partie inférieure de la cupule, jaune verdâtre à son extrémité, terre de sienne brûlée plus tard, violet plus ou moins foncé jusqu'au noirâtre quand il est parvenu au terme de sa maturité.

La flèche perd de ses principes sucrés à mesure que la maturation de la graine approche ; mais si la flèche devient insipide, il n'en est pas de même de la canne : d'aigre qu'elle était dans le principe, elle devient de plus en plus douce à mesure que le fût perd de sa saveur et arrive ainsi, lors de la maturité complète de la graine, à son plus haut degré de perfectionnement. Le fût est alors complètement insipide.

Ce qui se passe dans la canne à sucre de la Chine s'observe dans la maturation des raisins ; ceux-ci, en effet, commencent par donner du verjus ; à mesure que la maturité approche, ils deviennent de plus en plus sucrés, et si vous savez les cueillir à l'époque voulue, et que la température leur vienne en aide, vous obtenez des vins d'une qualité d'autant meilleure que les sucs du raisin sont plus élaborés, c'est-à-dire parvenus à une maturité plus parfaite.

Des observations ci-dessus, il résulte : qu'en enlevant le panicule de la graine à l'époque où il commence à se montrer, on obtiendrait l'effet contraire de celui qu'on désire.

Nous avons eu quelques cannes dont le fût a été brisé à diverses époques de son développement, et nous avons remarqué que, selon la couleur de la cupule de la graine, c'est-à-dire, selon l'époque plus ou moins éloignée de sa maturité, les entre-nœuds avoisinant la partie supérieure de la plante étaient plus ou moins sucrés. Ainsi, les couleurs les plus éloignées de la maturité coïncidaient avec une plus grande quantité de sucre dans l'entre-nœuds le plus avoisinant du panicule. Plus nous nous approchions du terme de la maturité, plus la matière sucrée tendait à descendre vers la racine de la plante. Le dernier entre-nœuds n'était complètement sucré qu'au moment où la graine parvenait à son état parfait de maturité.

Les cannes dont le fût a été brisé ont oscillé pendant quelques jours; elles ont ensuite poussé de chacun des entre-nœuds des rejets avec une vigueur remarquable : il semblait qu'ils ne devaient pas arriver à temps pour leur parfaite maturité. Nous avons observé que le côté de la canne opposé à celui d'où partaient les rejets, tout en perdant de sa partie sucrée, selon l'époque à laquelle le fût en avait été détaché, restait toujours, comparativement, plus agréable au goût que le côté opposé. A mesure que le rejet fleurissait, qu'il prenait successivement les différentes couleurs que nous avons indiquées précédemment, il se manifestait alors sur la mère-plante un retour vers le principe sucré, et, lors de la maturité des graines, la canne avait repris son état naturel, sauf dans le cas où les épis s'étaient montrés successivement ; dans cette circonstance la canne-mère ne revenait jamais à son état primitif : elle était très-sucrée, comparativement à la plante que nous allons indiquer comme une variété ; mais elle contenait toujours une proportion de ligneux et de fécule de beaucoup supérieure aux cannes cultivées dans d'autres conditions.

Il arrive quelquefois, dans des terrains trop arrosés, que les parties inférieures de la canne à sucre de la Chine contiennent, à la place des matières sucrées, une quantité de fécule considérable. Nous avons remarqué ce phénomène sur certains pieds qui avaient lancé, de chacun des entre-nœuds, des panicules doubles, donnant ainsi à la plante la forme d'un palmier. Ces plantes seraient-elles, par hasard, une variété de la canne à sucre de la Chine? Nous n'osons décider la question; mais si nous considérons, d'une part, le port particulier de cette plante, la moins grande quantité de sucre qui existe dans ses tiges et qui est remplacée par une masse énorme de fécule (1), la dimension de ces cannes, qui mesurent 4 centimètres sur 0,035, nous n'hé-

(1) Nous avons exprimé à part le jus d'une des cannes à sucre en question ; la quantité de fécule était telle qu'elle se desséchait sur les bords de la presse, et qu'en laissant reposer, pendant quelques instants, le vase dans lequel nous avions mis le jus, il se déposait au fond une quantité de fécule égale en volume au quart environ du jus exprimé.

siterons pas à la classer comme une variété de la canne à sucre de la Chine. La plante dont nous nous entretenons, est une de celles qui ont été produites par les graines laissées sur le sol, et qui se sont semées toutes seules. Nous n'en avons pas eu de parfaitement identiques ; mais nous avons observé quelques phénomènes se rattachant à la quantité de fécule (1) contenue dans la plante, dans des cannes qui avaient été, pour ainsi dire, noyées ; ce qui nous prouve que nous nous sommes trompé lorsque, dans la *Revue Horticole des Bouches-du-Rhône* (2), nous avons engagé les propriétaires à essayer la canne à sucre de la Chine dans les terres qui produisent naturellement des joncs. Une trop grande humidité ne convient pas à cette plante, au point de vue du sucre ; il n'en est pas de même pour la production de l'alcool.

Nous ne devons pas passer sous silence une variété

(1) M. Payen, dans la troisième édition de son *Précis de Chimie Industrielle*, donne, en parlant de la structure intime et de la composition de la canne à sucre, des explications très-intéressantes sur la présence de l'amidon dans le jus des cannes à sucre. Nous recommandons de consulter cet article.

(2) *Revue Horticole des Bouches-du-Rhône*, journal des travaux de la Société d'Horticulture de Marseille, tome 1, page 135 et suivantes.

qui consiste à donner un panicule dont la flèche longue de 11 centimètres seulement, forme, avec le dernier nœud, un angle en spirale. Cette flèche ne se confond pas avec le nœud dans le même plan ; elle s'en écarte en formant une surface légèrement convexe.

Les graines sont de la même couleur que les autres ; seulement, elles ne sont pas développées hors de la cupule. La tige qui supportait cet épi, avait environ 2 mètres de haut ; son diamètre, dans la partie la plus épaisse de la canne, était de 1 cent. 3 mill ; le jus exprimé de la canne était complètement rouge, d'un goût très-désagréable et laissant déposer une grande quantité de fécule. Nous avons l'intention de semer quelques-unes de ces graines, afin de nous assurer si c'est véritablement une variété. Dans ce cas, il serait utile de l'éloigner de nos cultures.

Les nœuds sont toujours dépourvus de sucre, quelle que soit l'époque à laquelle on les prend sur la plante ; leur saveur, aigre-amère dans le principe, devient presque insipide lorsque la plante est mûre.

C'est en vain que l'on voudrait faire, en même temps, la récolte complète d'un champ de cannes à sucre de la Chine. Il existe toujours dans la plante une canne qui parvient à sa maturité plusieurs semaines avant le reste de la plante ; la récolte doit se faire successivement. Il faut avoir le soin de ne cueillir les cannes qu'au fur et à mesure de leur maturité. Elles se conservent longtemps sur la plante, même privées de leurs panicules. Lorsqu'elles sont coupées, nous ne pensons pas qu'on doive les laisser plus de deux jours sans les broyer. Nous avons surtout observé, l'an passé, qu'elles fermentaient en très-peu de temps ; ce qui était dû, sans doute, à l'humidité incessante de l'atmosphère (1). Nous avons arraché, avec toutes leurs racines, plusieurs plantes, de suite après la première gelée ; elles ont été conservées ainsi dans un local sec, et aujourd'hui, milieu du mois de mars, elles sont encore dans un état tel, qu'on pourrait en extraire de l'alcool (2).

(1) Nous avons eu pendant tout le mois de novembre des pluies continuelles. On était obligé de cueillir les cannes toutes mouillées, ce qui forçait à les mettre en œuvre immédiatement, autrement elles se gâtaient Il n'en est pas de même quand les temps sont au sec ; dans ce cas, on peut conserver les cannes pendant plusieurs jours. Si l'on veut les conserver long-temps, il faut les priver des feuilles et de leurs pétioles.

(2) Il est à remarquer que toutes les tiges qui ont eu leurs flèches brisées, ou qui ont été entamées d'une façon quelconque, ne se trouvent plus dans les mêmes conditions ; mais nous en faisons

En mûrissant, la canne à sucre de la Chine prend une teinte jaune citron, panachée de rouge ; quelques-unes conservent encore une teinte vert pomme, diaprée aussi de rouge. Ces couleurs indiquent ordinairement le terme de la maturité. Si le rouge passe au carmin, la canne est trop mûre.

La canne à sucre de la Chine est sujette à diverses maladies. Les unes l'attaquent dans la racine, les autres dans la moëlle. Les racines, surtout les supérieures, celles que nous avons appelées secondaires, prennent quelquefois une teinte violet foncé ; si vous coupez les racines ainsi dégénérées, elles présentent, à l'intérieur une couleur rouge pourpre qui se continue jusqu'aux radicelles. Les plantes qui portent ces racines languissent, prennent une teinte chlorotique et finissent par périr ou produisent des panicules insignifiants ; elles ne contiennent presque plus de sucre. Si l'on exprime le jus de ces cannes à part et qu'on

des teintures. Pareil inconvénient arrive pour la canne à sucre. Ce sont les ferments qui se développent sous l'influence de l'air. Toutes les cannes que nous avons coupées au pied se trouvaient dans le même cas. Il est donc prouvé que, pour conserver la canne à sucre de la Chine, il faudrait de suite après sa cueillette obturer le point de section. Il nous semble préférable d'arracher les plantes. On pourrait peut-être aussi les conserver dans des silos.

le laisse reposer, on trouve au fond du vase une très-forte proportion de fécule colorée en rouge, et qui passe au violacé au contact de l'air.

Il se développe quelquefois sur la plante, bien avant sa maturité, des points rouges ; si l'on fend en deux cette partie de la canne, on la trouve passant du rouge au violacé, n'ayant plus de suc, mais une espèce de vinaigre d'une saveur fort désagréable (1).

Nous avons trouvé aussi quelques larves d'insectes dans l'intérieur de la canne ; malheureusement elles sont perdues. Nous possédons une tige qui avait reçu une grenaille au milieu d'un entre-nœuds. Cette blessure, qui ne paraissait à l'œil nu qu'un simple point, avait déterminé la couleur violacée dans tout l'entre-nœuds qui avait acquis les défauts déjà indiqués; mais, ce qu'il y a de plus remarquable, c'est que les nœuds supérieurs ne participaient en aucune façon à cette altération qui était toute locale. Cette même coloration s'observait sur toutes les cannes atteintes par les grêles.

Un ouragan épouvantable a jeté par terre tout notre champ de cannes à sucre de la Chine, à l'époque où

(1) Ce qui est dû aux ferments qui se sont développés dans le jus sous l'influence de l'air.

elles n'avaient pas encore jeté leurs flèches. Au bout de quelques jours, elles ont essayé de se soulever. Les cannes qui étaient moins avancées y sont parvenues en grande partie ; il n'en a pas été de même des autres qui étaient enfouies sous le poids de leurs supérieures; mais la nature y a suppléé en tordant le bout des tiges de telle façon qu'au bout d'une quinzaine de jours, il sortait, de tous côtés, des tiges de cannes à sucre qui ont fleuri comme d'ordinaire. Une d'elles qui était complètement enfouie et qui n'avait pu se faire jour au dehors, avait lancé, de chacun de ses nœuds, des flèches qui ont formé de larges panicules lesquels ont donné une riche moisson de graines. Les cannes n'ont nullement souffert de cette fausse position ; il n'y a que celles qui se sont trouvées complètement sur le sol qui étaient impropres à l'extraction du sucre; elles s'étaient presque complètement converties en matière féculente.

Nous devons faire observer que nous avions eu le soin de butter les cannes à sucre de la Chine qui ont été ainsi jetées sur le sol par la tourmente ; il est à remarquer que les plantes qui s'etaient semées toutes seules et dont nous nous sommes entretenu dans un chapitre précédent, n'ont pas été abattues par le vent, ce qui vient corroborer l'opinion que nous avons émise sur l'inutilité du buttage. Il nous paraît prouvé qu'en laissant cette plante se conduire elle-même, sans lui venir en aide, la culture serait plus aisée et la récolte aussi sûre. Trop de soins donnés à certains produits du sol sont plutôt nuisibles qu'utiles. On ne saurait trop se rappeler cette grande vérité.

CHAPITRE V.

Etudes sur la structure et la composition intime de la Canne à Sucre de la Chine.

> La nature est invariable dans les espèces qu'elle a déterminées, quoiqu'en aient pensé quelques écrivains modernes. L'homme a donc encore aujourd'hui le droit de dire aux anciens qu'ils se sont trompés.
>
> ZIMMERMANN.
> (*Traité de l'Expérience.*)

Prenons un mérithalle de la canne à sucre de la Chine privée de la partie engaînante de la feuille, qu'on désigne sous le nom de pétioles, et étudions-le de l'extérieur à l'intérieur.

Immédiatement au-dessous du pétiole nous trouvons une couche de cérosie, qui recouvre complètement l'épiderme de la canne ; cette couche, qui est peu apparente dans la partie de l'entre-nœud, en-dessus du pétiole, est assez forte, au contraire, dans les parties de la canne soustraites au contact de l'air ; quelques-unes en présentent même sur leurs feuilles. Cette substance est appelée cérosie à cause de sa ressemblance avec la cire ; elle est adhérente à l'épiderme.

La cérosie enlevée, nous arrivons à l'épiderme ; celui-ci est mince, très-résistant, diapré le plus ordinairement des couleurs jaune paille, vert pomme, rose passant au violet quand la canne est trop mûre. Si l'on soumet une parcelle d'épiderme au grossissement de 500 diamètres, cette parcelle offre à la vue une écorce identique à celle de l'ormeau vu à l'œil nu, surtout si on a le soin de placer la partie en contact avec la cérosie, faisant face à l'oculaire. Si l'on retourne le lambeau d'épiderme en sens inverse, on observe alors des saillies anguleuses qui correspondent avec les joints des cellules, et des filaments dans la direction de haut en bas, c'est-à-dire d'un entre-nœud à l'autre. Quelque soin qu'on prenne pour séparer l'épiderme de la canne, on y voit toujours quelques lambeaux de cellule.

L'épiderme a été ensuite soumis à l'action de l'acide sulfurique pur (1); il a pris, dans ce liquide, une couleur jaune foncé et l'apparence d'une écorce d'arbre très-rugeuse, parsemée de taches et de raies noires. Par l'addition d'une goutte d'alcool anhydre, il s'est formé immédiatement un mouvement d'oscillation dans le liquide; le fragment d'épiderme a été emporté par le courant qui s'était formé de gauche à droite. Au bout de quelques minutes, la couleur jaune avait complètement disparu, et le fragment d'épiderme conservait, cependant, l'aspect primitif. Soumis ensuite à l'action de la teinture d'iode, l'épiderme a conservé sa transparence; seulement, les parties plus foncées ont pris une couleur d'un bleu très-léger, entourant des lamelles et des cellules complètement blanches. A un grossissement de 100 diamètres, on peut observer les objets que nous avons étudiés; mais, dans ce cas, le fragment d'épiderme ressemble à une écorce de platane.

Il est très-difficile, à ce grossissement, de se rendre compte des divers détails dans lesquels nous sommes entré; mais, avec une grande habitude du microscope, on peut y parvenir.

(1) Toutes les études de chimie organique ayant pour but de parvenir à la découverte de la structure intime de la canne à sucre de la Chine, ont été faites sous le microscope.

Si le lambeau d'épiderme appartient à une canne développée depuis longtemps, ou qu'on fasse l'expérience sur les nœuds les plus rapprochés du sol, on observe que la cérosie adhère toujours à l'épiderme, malgré qu'on l'ait râclé pour l'en priver ; l'addition de l'acide sulfurique peut déterminer la couleur jaune ; mais l'esprit de vin anhydre ajouté ensuite, ne produit pas un mouvement subit d'oscillation aussi fort que celui qui a eu lieu dans la première expérience. La décoloration des tissus n'a pas lieu; ils conservent toujours la couleur jaune, et la disposition des fibres est la même, sauf qu'on y distingue des tubes plus développés. La teinture d'iode, ajoutée dans la dissolution, ne donne aucune coloration; seulement, la couleur foncée de l'épiderme devient plus claire; on distingue quelques lambeaux de cellules.

L'épiderme a été enlevé. Nous arrivons au derme (1): soumis à un grossissement de 500 diamètres, il présente un assemblage de tube, tous rangés les uns à côté des autres et disposés selon la hauteur de la plante. Soumis à l'action de l'acide sulfurique pur, la

(1) Cette parcelle du derme a été prise au dernier entre-nœud d'une canne de forte dimension et qui était resté sur la plante après sa maturité.

couleur foncée passe bientôt au rouge brun ; des cellules nombreuses de forme arrondie se montrent au-dessus des tubes. L'addition de l'alcool anhydre détermine un très-léger mouvement oscillatoire ; la teinture jaune-rouge-brun s'éclaircit et devient jaune ; mais on voit parfaitement les tubes longitudinaux, sur lesquels on aperçoit, de distance en distance, des cellules arrondies ; ces cellules sont inégales et de trois dimensions : grandes , moyennes et petites ; on voit nager dans le liquide des cristaux complètement blancs.

L'addition de la teinture d'iode produit, à la longue, dans certaines parties des tubes, une couleur très-légèrement violacée ; mais les cellules sont devenues d'un violet foncé. Quant aux cristaux dont nous avons parlé ci-dessus, ils conservent toute leur blancheur.

Poursuivons nos études. L'épiderme et le derme ont été enlevés ; nous trouvons alors, à l'entre-nœuds , de long fils d'une couleur jaune partant d'un nœud à l'autre et que l'on peut parfaitement détacher à la main ; ils sont liés entre eux par une espèce de moëlle. un lambeau de ces fils a été soumis au microscope (1), et, malgré tous nos soins , il a été impossible de le priver complètement de son entourrage ; l'aspect qu'il

(1) A un grossissement de 100 diamètres.

présente est celui d'une magnifique colonnade de stalactite du plus beau blanc. L'acide sulfurique colore cette partie de la plante en jaune sur les bords et rouge brun dans le reste de son étendue ; un séjour d'un quart d'heure environ dans ce liquide produit la désagrégation de petits grains presque blancs, bordés d'une couleur plus rougeâtre.

L'addition de l'alcool anhydre produit la décoloration complète de la partie formée par la désagrégation des petites graines ci-dessus mentionnées ; on les distingue parfaitement isolées les unes des autres, et conservant, par leur disposition, la forme d'une écorce d'arbre ou mieux encore d'une dentelle d'un blanc éblouissant. Quant à la partie qui n'a pas été désagrégée, elle conserve sa forme et sa couleur primitive.

L'addition d'une forte proportion de teinture d'iode n'a pas changé la couleur des graines dont nous nous sommes entretenu ; seulement, le liquide dans lequel elles se trouvent, est fortement coloré en jaune, le pourtour semble avoir pris une teinte légèrement bleuâtre; quant aux cellules et à la partie de la parcelle non désagrégée, elle a pris une couleur d'un bleu violacé. On voit encore la couleur jaune dans les parties de cellule qui ne sont pas bleuies.

Si nous enlevons avec grande précaution, au moyen d'un morceau de papier soie (1), les liquides dans lesquels nous faisons baigner le lambeau de canne à sucre soumis à notre expérience, et si nous le remplaçons par de l'eau, laissant ensuite plonger ce morceau de canne pendant quelques minutes, on remarque que les tissus deviennent plus transparents ; mais la couleur violacée existe toujours dans les parties les plus épaisses, surtout dans les cellules. Celles-ci ont un trou dans le centre.

Si nous privons d'eau (2) la parcelle de canne à sucre de la Chine soumise à nos expériences, et que nous remplacions cette eau par l'alcool anhydre, nous observons une décoloration des tissus et la désagrégation de la partie qui avait la forme de dentelle ; celle-ci se détache du brin principal, laisse échapper une grande quantité de cristaux complètement décolorés, et finit par prendre l'aspect d'un fil de chanvre qui, serait placé au foyer du microscope, et observé sous le

(1) On comprend aisément qu'il est impossible de parvenir à complet enlèvement de toute matière étrangère.

(2) Nous ne pouvons affirmer, malgré toutes les les précautions dont nous avons entouré cette expérience, qu'il ne reste un peu d'eau.

grossissement qui nous sert de point de départ. On retrouve, flottant dans le liquide, quelques cellules violettes qui ont conservé leur forme arrondie. Quant au morceau qui n'a pu se dissoudre, il conserve l'aspect indiqué dans les expériences précédentes.

Un autre lambeau de fil, pris dans la même position et soumis à un grossissement de 500 diamètres, nous a paru organisé ; il représente un fragment de chanvre ; seulement, celui-ci est blanc dans la plus grande partie de son étendue. Soumis à l'action de l'acide sulfurique pur pendant une heure environ, on observe la désagrégation des cellules ; les filaments prennent l'aspect de fils de chanvre vus à l'œil nu, et placés à côté les uns des autres, on observe des cellules désagrégées; les filaments ont une couleur noire.

Aucun changement par l'addition de l'alcool anhydre.

La teinture d'iode ajoutée au mélange, fait apparaître de légères taches violacées ou bleuâtres. On observe que la teinte générale a diminué d'intensité. Tout le liquide est parsemé de cristaux blancs.

La parcelle que nous allons étudier, a été prise au centre de la canne. Nous avons eu soin de l'isoler complètement des fils que nous venons de disséquer ; elle présente à l'œil nu l'aspect de la moëlle de sureau ;

seulement, en la pressant, elle laisse échapper un suc très-doux.

Sous le microscope, à un grossissement de 100 diamètres, la parcelle qui fait le sujet de notre étude, ressemble à une grain de sucre vu à l'œil nu et dont l'aspect est d'une blancheur éclatante ; la cristallisation est semblable à celle du plus beau sucre. On remarque sur les bords un liquide blanc qui en découle; seulement, on distingue quelques légères cellules ; ce sont, sans doute, celles qui ont laissé écouler le liquide que nous venons d'observer.

Quelques minutes de séjour dans l'acide sulfurique pur, change l'aspect de la parcelle que nous étudions ; les bords sont jaunes ; le centre représente une grappe de raisin dont les grains sont parfaitement distincts et d'une couleur rouge violacé ; quelques grains séparés de la grappe ont l'aspect identique à ceux que nous avons observés dans les expériences précédentes, sauf leur couleur rouge violacé ; ils sont percés d'un trou dans le milieu. Quelques cristaux se voient dans le liquide.

L'alcool anhydre, ajouté dans le segment de sphère, produit un léger mouvement d'oscillation de droite à gauche ; la couleur rouge violacé se conserve ; les bords seuls ont pris une teinte bien moins jaune et qui tend à disparaître. Quant aux cristaux disséminés dans le liquide, ils sont toujours incolores.

L'addition de la teinture d'iode donne, après un séjour de quelques minutes, une couleur moins foncée : on dirait qu'au lieu de colorer la substance, l'iode l'a, au contraire, éclaircie. Cependant, en regardant avec la plus grande attention, on distingue des veinules d'une dimension infinitésimale qui paraissent colorées en violet.

Le morceau de canne à sucre de la Chine qui a été soumis aux expériences que nous venons de relater, a été enlevé du liquide, puis, placé dans un segment de sphère, avec de l'alcool anhydre que nous avons additionné d'eau. Une partie de ce fragment s'est dissous ; on voit au-dessus du liquide une grande quantité de cristaux blanc. Quant à la masse elle-même, elle se trouve au fond du liquide et laisse apercevoir un mélange de cellules vides, de cristaux et de granules, le tout paraît blanc par réfraction et teinté de violacé par réflexion.

Un fragment imperceptible à l'œil nu, soumis à un grossissement de 500 diamètres, est complètement identique à des cristaux de sucre dans leur état parfait; ils sont entourés d'un liquide incolore. Ce fragment a des stries très-légères et noirâtres.

L'acide sulfurique pur a complètement changé l'aspect du fragment que nous étudions; il a pris une couleur noirâtre dans le pourtour des cristaux qui sont devenus plus foncés.

L'alcool anhydre, ajouté au mélange, semble disséquer les cristaux.

Une addition de teinture d'iode diminue la coloration. Par réfraction, les cristaux sont complètement blancs.

Nous avons pris au centre d'un nœud une parcelle de la substance qu'il contenait, en tâchant d'éloigner, autant que possible de ce fragment, les filaments qui, dans cette plante, partent du sol et s'élèvent jusqu'au sommet; seulement, il est à observer que, dans les nœuds, ce filament se coude. Il est, pour ainsi dire, comprimé, et dans les expériences que nous avons faites sur ces fils, ils se sont toujours brisés dans cette partie.

La parcelle sus-mentionnée a été placée sous le microscope; à un grossissement de 100 diamètres, elle ressemblait à un morceau de moëlle de certaine plante vu à l'œil nu. Mise dans l'acide sulfurique concentré, la parcelle s'est complètement brisée et a pris une couleur noire bordée de rougeâtre. Les cellules sont apparentes, quelques-unes sont désagrégées. L'alcool anhydre n'a produit aucun effet; seulement, il a détaché quelques lambeaux des cellules et de rares cristaux blancs ; le tout flotte dans le liquide.

Nous avons ensuite pris le lambeau du nœud qui avait servi aux expériences ci-dessus ; nous l'avons placé dans l'eau, mais son aspect n'a pas changé c'est du ligneux corrodé par l'acide sulfurique.

Un lambeau de nœud que nous avons tenté d'isoler autant que possible des filaments, a été soumis à un grossissement de 500 diamètres. Mis en contact avec l'acide sulfurique, il s'est désagrégé ; de nombreuses cellules ont apparu et le tout s'est coloré en noir mélangé de jaune foncé ; l'addition d'alcool anhydre nous a fait apparaître du ligneux dans l'état où il se trouve quant il a été en contact avec l'acide sulfurique.

Des expériences auxquelles nous nous sommes livré, il résulte :

Que la canne à sucre de la Chine est composée, de l'extérieur à l'intérieur, d'une couche de cérosie, et d'un épiderme inerte ; le derme contient des gommes, des filaments, de la fécule et quelques parcelles de sucre.

La partie intérieure de la canne est composée, en très-grande partie, de sucre et de filaments ; c'est dans la partie la plus centrale que se trouvent les produits saccharifères.

Si l'on prive la canne de son épiderme et de son derme, on la placera dans les meilleures conditions possibles pour fournir du sucre de bonne qualité et d'une extraction facile : telle est du moins notre opinion, qui est fondée sur les études pratiques que nous avons faites de cette précieuse graminée.

Nous pensons que notre travail servira de point de départ pour des études faites par des hommes plus aptes que nous, études qui, sans doute, donneront des résultats plus satisfaisants. Nous serons heureux si notre faible travail peut servir de pierre angulaire à l'édifice.

La canne à sucre de la Chine est destinée à prouver aux hommes toute la sollicitude du Créateur pour sa créature : c'est à eux qu'il appartient de mettre à profit les richesses que Dieu met à leur disposition.

Nous sommes sûr que le gouvernement encouragera des études sous ce nouveau point de vue ; et ces études, nous le croyons, conduiront à la solution de problèmes insolubles jusqu'à ce jour, ou qui ont reçu des explications basées sur des théories contredites par la nature. En encourageant l'étude des plantes utiles à l'homme, le gouvernement acquerra de nouveaux droits à la reconnaissance des générations futures.

CHAPITRE VI.

Extraction du jus des cannes à sucre de la Chine.

> Rien de nouveau sous le soleil, et nul ne peut dire : voilà une chose nouvelle, car elle a été déjà dans les siècles qui se sont passés avant nous.
>
> ÉCCLÉSIASTE.

Nous avons examiné, dans les chapitres précédents, les phases de la vie végétative de la canne à sucre de la Chine. Elle est maintenant parvenue aux termes de son existence, et appartient à l'industrie ; qui doit en tirer tout le parti possible.

Dès que la plante a été privée des feuilles et de leurs pétioles, qui peuvent servir, soit pour obtenir des teintures, soit pour la nourriture des bestiaux, on doit séparer la canne du fût qui supporte les panicules des graines et faire sécher ceux-ci pour les dépiquer plus tard. Quelques-uns pensent qu'il vaut mieux cueillir les panicules avant les cannes, ces dernières se conservant sur la plante, quoique privées de leurs fûts.

De quelle manière faut-il briser cette canne pour l'obliger à nous donner son précieux suc? Les uns prétendent qu'il faut la mettre immédiatement entre des cylindres pour obtenir, par leur pression, tout le suc qu'on peut en extraire; d'autres pensent qu'on doit la couper au hâche-paille, soumettre les tronçons à la pression d'une meule semblable à celle usitée dans les moulins d'huile, retirer ce magma, en remplir des escortins qui sont soumis ensuite à l'action d'une forte presse. Nous pensons qu'il y aurait plus d'avantages à séparer chaque entre-nœuds, à le dépouiller ensuite, par un moyen mécanique, des pailles qui serviraient, plus tard, à divers usages, et soumettre la moëlle privée de tous ces principes étrangers, à l'action de la meule et de la presse.

Nous allons passer en revue ces divers modes d'extraction.

Dans le premier système, la pression simple des cylindres, il y a évidemment une perte de jus moins grande ; si l'on admettait ce mode d'extraction, les cylindres en fonte que M. le comte de David de Beauregard admet dans son exploitation, nous paraîtraient avoir des inconvénients. Indépendamment de la première dépense qui est fort élevée, une question plus grave se présente. Nous avons observé que le jus mis en contact avec une presse en fer, corrodait cette dernière. Cet effet est dû à la présence d'un acide particulier que nous avons dénommé acide sorghotique. Peut-être la pratique viendra-t-elle un jour démontrer notre erreur ; mais nous pensons qu'en l'état actuel de la question, il est de notre devoir de signaler cet inconvénient.

Si les cylindres en fonte ont des inconvénients, il n'en est pas de même de ceux en pierre (1) ; ceux-ci réuniraient toutes les conditions désirables, puisqu'ils ne sont pas attaqués par les sucs acides.

Quant au second mode proposé, celui de couper les

(1) On nous objectera, sans doute, que les cylindres en pierre donnent une moindre pression et qu'il est impossible de les chauffer. Ce sont des inconvénients ; mais il faut savoir s'ils ne seront pas rachetés par d'autres avantages.

cannes au moyen d'un hâche-paille et de soumettre les tronçons à la pression d'une meule, puis à l'action d'une forte presse, ce magma renfermé dans des escortins, nous pensons qu'il est très-utile et qu'on peut le mettre immédiatement en pratique(1) chez tout propriétaire possesseur d'un moulin à huile : c'est un avantage que ne présente pas le mode d'opérer ci-dessus désigné.

Nous avons employé et fait employer, par plusieurs personnes, le *modus faciendi* que nous venons de décrire, et chacun de nous a été satisfait des résultats obtenus.

Nous avons opéré nous-même d'une autre façon qui serait, nous le pensons, fort utile, dans les petites exploitations : une pierre plate, d'une certaine

(1) On doit faire une distinction entre les procédés qui peuvent être exploités par de grands industriels, et ceux qui donnent des produits faciles à obtenir par les simples fermiers : ceux-ci, dans l'état actuel, ne pourront jamais employer des cylindres qui nécessitent une grande dépense ; mais nous sommes assuré qu'on peut fabriquer une machine à cylindres, en pierre, à un prix modéré, et qu'on ferait fonctionner à bras d'hommes, comme les presses d'imprimerie nouveau modèle. Nos habiles mécaniciens, nous n'en doutons pas, parviendront à ce but ; mais ils doivent se rappeler que la seule condition de réussite est d'obtenir le résultat désiré au plus bas prix possible.

épaisseur, cannelée de façon à faire une rigole principale, amenant le jus de tous les côtés, avait été placée sur une table en pente ; un cylindre en pierre pesant environ 50 kilogrammes, était roulé par un homme, et exprimait le jus des tronçons de cannes précédemment coupées avec un fort sécateur. Retirées de là en consistance de pâte, elles étaient soumises dans des escortins en crin à l'action d'une presse énergique : le jus était amené, par une rigole, dans un vase disposé pour le recevoir.

Il nous reste maintenant à donner notre procédé qui nous a paru avoir quelqu'avantage. Chaque canne est dépouillée de ses nœuds par le moyen du sécateur. On sépare ainsi la feuille et le nœud ; car cette première donne assez de peine à séparer par les autres procédés (1). Nous soumettons ensuite nos entre-nœuds à la pression contre un tube disposé de telle façon que les pailles soient coupées d'une grosseur détermi-

(1) Ce sont surtout les pétioles engaînant chaque mérithalle qui sont difficiles à enlever.

M. de David de Beauregard pense qu'on peut même laisser les feuilles. Nous ne partageons pas sa manière de voir à cet égard, car le jus rendu par les pétioles engaînant les mérythalles et les feuilles, donnent à l'alcool un goût particulier qui est dû à une essence aromatique contenue dans les feuilles et qui possède une odeur *sui generis*.

née. La moëlle, privée, d'une part, des nœuds qui contiennent toujours une certaine quantité d'acide sorghotique ; d'autre part, de la paille qui contient non-seulement cet acide, mais encore plusieurs autres substances, est soumise à l'action du rouleau ou de la meule, et l'on termine ainsi qu'il a été dit précédemment. Le suc obtenu est plus clair que celui qui a été soumis aux autres procédés ; il nous a donné du sucre qui, sans être déféqué, était cependant d'une couleur plus blanche que le sucre brut ordinaire.

Que les agriculteurs essayent ce mode de préparation ; ils verront alors si les avantages que l'on peut en retirer ne compenseraient pas la plus grande quantité de soins qu'on est obligé d'y apporter.

Quelques-uns coupent la canne en différents tronçons, la font bouillir dans l'eau, en expriment ensuite le jus à la presse, et s'en servent après pour divers usages. Ce mode de préparation doit être essayé encore. Nous n'avons pas été les seuls à en tirer de bons résultats. M. Alphandéry, propriétaire à Saint-Rémy, se loue beaucoup de ce mode d'extraction pour ses vins et ses eaux-de-vie de canne à sucre de la Chine.

Nous pensons, cependant, que ce procédé est inférieur à celui que nous avons indiqué précédemment ; qu'il donne beaucoup plus de peine, nécessite la dépense de combustibles, et que son rendement n'est pas en proportion du travail.

Il reste encore un *modus faciendi* que nous avions essayé il y a deux ans, et que nous savons avoir été employé par plusieurs personnes : c'est le procédé par décantation.

Les cannes sont coupées en tronçons de deux centimètres environ de longueur. L'on verse ensuite de l'eau dans les vases qui contiennent ces fragments; quand ils ont été en contact avec l'eau pendant quelque temps, on décante ce liquide, que l'on fait passer sur une nouvelle quantité de cannes, on continue jusqu'à parfait épuisement des principes sucrés.

Ici se termine ce que nous avons à dire sur la canne à sucre en elle-même. Dans les chapitres suivants, on verra qu'elle est l'utilité des produits que nous venons d'extraire.

CHAPITRE VII.

Traitement industriel du jus de la canne à sucre de la Chine.

> Les idées les plus simples sont presque toujours celles qui s'offrent les dernières à l'esprit humain.
>
> LAPLACE.

SUCRE.

Quel que soit le procédé employé pour l'extraction du jus, il est diverses méthodes qui tendent toutes au but désiré, qui est l'obtention du sucre. Commençons, tout d'abord, par dire que ce produit est tellement abondant dans cette plante, et à un tel degré de pureté, que nous n'hésitons pas à penser que l'industrie trouvera les moyens nécessaires pour extraire le sucre blanc et cristallisable qui est contenu dans ses réseaux.

Nous avons vu une canne à sucre de la Chine, dont le fût avait été abattu par un instrument bien tranchant, laisser suinter par la plaie, du sucre complètement blanc qui s'est cristallisé sur la canne même, et a formé une larme d'une blancheur remarquable. Nous avons gardé, pendant quelque temps, cet échantillon qui, malheureusement, a disparu.

Cette canne se trouvait comprise dans un paquet qui avait été enfermé dans un appartement immédiatement après avoir enlevé les panicules. Le suintement avait eu lieu par l'entre-nœuds coupé. Nous n'avons pu renouveler cette expérience, faute de temps, mais plus tard nous la reprendrons. Il est bien entendu que, pour parvenir à bonne fin, on doit couper l'entre-nœuds immédiatement au-dessous du nœud.

Nous avons extrait, l'an passé, de 179 litres de jus obtenus par notre procédé, précédemment décrit, 30 k. de sucre qui nous a servi aux usages domestiques. Il contenait encore la mélasse ; mais une grande partie de la masse était cristallisée ; nous sommes même parvenu à en obtenir des échantillons parfaitement desséchés, en soumettant seulement le sucre cristallisé à une forte pression, afin d'en extraire une grande proportion d'eau, et l'amener à l'état pulvérulent.

Le sucre ainsi obtenu est d'une couleur plus blanche que celui extrait directement de la canne à sucre des colonies. Il ressemble au sucre dit terré.

Nous allons donner les procédés que nous avons mis en pratique pour obtenir nos produits, nous réservant de faire connaître plus tard ceux qui ont été employés par d'autres personnes.

Le jus extrait par notre procédé, a été soumis à la filtration à travers un tamis de crin, à mailles serrées, puis, passé de nouveau à un tamis de soie, semblable à ceux dont on se sert pour séparer la fleur de farine. Le jus a été mis ensuite sur le feu, dans une bassine en terre cuite, découverte (1). Dès que la chaleur a été assez forte pour faire bouillir le liquide, il s'est formé au-dessus une écume vert-bouteille qu'on a soigneu-

(1) On peut se servir de bassines en fonte émaillée. Nous hésitons à proposer l'emploi du cuivre. Les chaudrons en fer battu dont nous nous sommes servi, avec intention, pour cuire le jus des cannes à sucre de la Chine, extrait par notre procédé, ont revêtu à l'intérieur, l'aspect du moiré métallique; ce qui prouve que l'acide contenu dans ce jus attaque l'étamage d'une façon toute particulière.

sement enlevée. Nous avons continué de faire bouillir le jus pendant cinq heures, laps de temps suffisant pour le convertir en une matière sirupeuse très-concentrée. On doit avoir soin d'enlever les écumes qui se forment successivement ; c'est pour n'avoir pas assez bien suivi ce procédé que nous avons eu des cuites, plus ou moins colorées. Nous avons versé ensuite le sirop dans des vases en terre. La cristallisation a été complète deux mois après environ.

C'est une partie du sucre ainsi obtenu qui, égouté et soumis ensuite à la presse, nous a fourni la cassonnade dont nous avons parlé précédemment.

Nous avons employé un autre procédé pour obtenir un échantillon que l'on pourrait appeler miel de canne à sucre de la Chine ; il a, en effet, la consistance de cette substance et la couleur du plus beau miel. Nous donnons, ci-joint, notre manière d'opérer, espérant être agréable à nos lecteurs.

Un litre de liquide pesant 955 grammes et mesurant 9 degrés au pèse-sirop, a été passé au tamis comme nous l'avons indiqué ci-dessus. Dès que la chaleur s'est fait sentir à la bassine qui avait été placée sur le feu, le liquide a pris une couleur vert foncé, et, plus tard, une écume vert de bouteille, tirant sur le gris, s'est formée et a été immédiatement enlevée. Nous l'avons laissé bouillir ainsi pendant une demi-heure, en ayant soin d'enlever continuellement l'écume. Le retirant ensuite du feu, nous l'avons filtré à la chausse de feutre; au sortir du filtre, le liquide marquait 14 degrés au pèse-sirop. Sa couleur était jaune-verdâtre. Le liquide remis dans la bassine, et, cette dernière, placée sur le feu, une nouvelle écume s'est formée : on a eu soin de l'enlever, tout en continuant de laisser cuire le jus jusqu'à consistance sirupeuse très-concentrée. Nous l'avons versé ensuite dans une forme en fer blanc, alors qu'il commençait à donner une écume (1) d'un jaune blanc. Nous l'avons agité pour le refroidir. Peu à peu, à mesure que la température baissait, le liquide prenait la consistance de miel qui s'est durci de plus en plus. Douze heures après, ce produit était parvenu au point de consistance qu'il conserve encore aujourd'hui; le litre de liquide a donné 88 grammes de matière.

L'an passé, nous avions obtenu du sucre cristallisé qui fesait partie des produits qui ont été admis à l'Ex-

(1) Dès que l'écume en question était apparue, nous avions cessé de l'enlever, tout en laissant encore la bassine sur le feu pendant quelques instants.

position universelle ; nous l'avions retiré de la canne par une autre méthode que nous signalons.

Les cannes décortiquées avaient été pilées, puis mises sur le feu avec une quantité d'eau suffisante pour s'élever de quelques centimètres au-dessus des cannes. Après les avoir fait bouillir pendant deux heures, nous les avions retirées du feu et passé le jus à travers un tamis de soie. Le jus ainsi obtenu, avait été mélangé avec deux grammes de chaux par kilogramme de jus. Mis ensuite sur le feu jusqu'au point de l'écumer, nous l'avions saturé par l'albumine d'un œuf. Passé ensuite à la chausse, il avait été remis sur le feu, écumé de nouveau pendant quelques instants et concentré jusqu'à la consistance sirupeuse. La cristallisation avait eu lieu un mois environ après sa concentration.

Nous ne pouvons passer sous silence un nouveau procédé qui vient d'être mis en pratique par M. le comte de David de Beauregard, l'honorable président du Comice agricole de Toulon. Ce zélé propagateur de la canne à sucre de la Chine qui, depuis deux ans, la cultive sur une grande échelle, a publié son procédé afin qu'il ne puisse être brevetable. Nous sommes heureux de pouvoir le faire connaître à nos lecteurs. Nous citons :

« Ce procédé consiste dans l'emploi du tan pulvé-
« risé, obtenu avec l'écorce du chêne vert. On le fait « macérer pendant quelques jours, puis on l'emploie « de la manière suivante :

« Le jus étant traité par de la chaux, qui en neutra- « lise les sucs acides, puis jeté sur un filtre de sable, est « porté au chaudron, additionné d'un kilog. de tan « par hectolitre. Le feu est poussé vivement jusqu'à « 80 ou 90 degrés. A cette température, il se forme « un coagulum muco-albumineux qui vient surnager « sur le liquide, en couches épaisses de un à deux « centimètres.

« Filtré à la chausse, le jus parfaitement limpide, « est remis sur le feu avec addition d'un charbon de « bois poreux, porté à l'ébulition et concentré pen- « dant une heure.

« Passé de nouveau à la chausse et devenu, par cette « seconde opération, complètement incolore, il est « rapproché jusqu'à consistance sirupeuse et ensuite « mis à cristalliser. »

Nous ne pouvons terminer cet article sans recommander à nos lecteurs l'excellent ouvrage de M. Léonard Wray, sur l'*Imphy* ou roseau sucré des Cafres-

Zulu. (1) On y trouvera les procédés que cet auteur a employés pour l'extraction du sucre de cette plante, procédés que nous avons essayés, mais qui ne nous ont pas toujours donné les résultats que nous osions en espérer ; ce qui est dû, sans doute, à ce que notre état de maladie nous a mis dans l'impossibilité de suivre nous-même les expériences que nous indiquions.

ALCOOL.

L'alcool s'obtient en faisant fermenter le jus. Pour parvenir à ce but, divers moyens ont été proposés.

Plusieurs personnes pensent, que le jus peut fermenter seul, sans aucune espèce d'addition, le fait est positif; mais il est urgent de soumettre le liquide à une température constante de 18 degrés. C'est pour avoir négligé cette température que plusieurs personnes n'ont pu obtenir la fermentation du jus. L'addition d'un quart pour cent de bagasse active considérablement cette fermentation, qui peut acquérir une très-

(1) L'*Imphy* ou roseau sucré des Cafres-Zulu (*Holcus saccharatus* de Linné), comprenant une description de ses nombreuses variétés, son mode de culture, la fabrication du sucre et des autres produits provenant du jus de la plante, par Léonard Wray. — Traduit de l'anglais. Paris, 1854. in-octavo.

grande intensité, si l'on porte le jus à une température au-dessus de 25 degrés. Dans ce cas, quarante-huit heures suffisent pour arriver au but qu'on se propose. Quelques expérimentateurs pensent qu'on doit ajouter une certaine quantité de ferment. Le comte de David de Beauregard emploie les rafles de la vigne ou des bagasses de la canne elle-même ; d'autres ont ajouté de la levure de bière ; tel est, nous croyons, le procédé employé par M. l'abbé Fissiaux, dans son établissement du Pénitencier. Tous sont parvenus à retirer, au minimum, 5 p. 0/0 d'alcool.

M. Raoul, ingénieur en chef du service maritime à Toulon-sur-Mer, a obtenu 7 0/0 d'alcool absolu. Ce rendement est affirmé par une note que nous avons eue à notre disposition, et qui est signée de cet honorable savant.

D'après les renseignements donnés par M Alphandéry, propriétaire à Saint-Rémy, cet honorable agriculteur, au lieu d'exprimer le jus de la canne, se contente de la couper en morceaux, d'y ajouter une certaine proportion d'eau et de la mettre ensuite sur le feu. Arrivée à un certain point de cuisson, on la met dans des tonneaux, et la fermentation s'établit toute seule ou à l'aide du ferment.

La Société départementale d'Agriculture des Bouches-du-Rhône a vu les échantillons d'alcool que M. Alphandéry lui a transmis et qui avaient été obtenus par le mode d'extraction ci-dessus. Ce procédé, que nous avions employé en 1854, nous avait paru donner des résultats supérieurs, en quantité, à ceux obtenus par la fermentation seule du jus : ce qui est dû, sans doute, à ce que tous les principes fermentescibles, contenus dans la canne à sucre de la Chine sont en contact avec le liquide. De toutes façons, si l'on veut obtenir des produits abondants, il est indispensable de soumettre les résidus à un courant de vapeur (1) qui enlèvera complètement tout l'alcool qu'ils recèlent encore en grande quantité, à moins qu'on ne soumette de nouveau à la pression les cannes, après les avoir imbibées d'eau, pour en extraire tous les principes sucrés. Le rendement de 5 0/0 a été dépassé par M. l'abbé Fissiaux, qui a obtenu, sur deux mille kilog. de jus, trois cent vingt litres d'alcool à 86 degrés.

M. Raoul (2), que nous avons déjà cité, a obtenu,

(1) Il est évident que l'alcool étant la partie la plus légère, si l'on soumet les bagasses à un courant de vapeur, celles-ci seront obligées de céder tout l'alcool qu'elles recèlent.

(2) Cet honorable praticien partage notre avis au sujet de la fermentation du jus, c'est-à-dire qu'il n'y ajoute aucun ferment.

dans une distillation faite au moyen d'un alambic à colonne, en présence des employés des contributions indirectes, 12 litres 94 d'alcool à 100° et de très-bonne qualité, sur 190 litres de jus fermenté.

Ces alcools peuvent soutenir la comparaison avec les meilleurs fournis par la distillation du vin.

VIN. — VIN-CUIT. — PIQUETTE ou cidre de la canne à sucre de la Chine. — RHUM.

En concassant les tiges de canne à sucre de la Chine, préalablement coupées, les couvrant d'eau (1) à la température de 15 degrès environ, on obtient bientôt une fermentation qui donne, pour résultat, une boisson analogue au vin. Les précautions à prendre, le temps nécessaire à la fermentation sont complètement

(1) La qualité de l'eau qu'on emploie influe d'une manière toute particulière sur les produits obtenus. L'eau de rivière est la meilleure. Il faut surtout se défier des eaux qui ne prennent pas le savon. Dans ce cas, on pourrait employer, pour la purifier, le procédé suivant, qui est fort simple : Dans un vase contenant un hectolitre d'eau, vous ajoutez une cueillerée à bouche d'alun en poudre, agitez ensuite avec un bâton pendant quelques minutes, et laissez reposer. Au bout de deux heures, votre eau sera limpide et vous trouverez, au fond du vase, un dépôt formé par les matières salines qui étaient en suspension dans l'eau. Vous décantez alors et obtenez ainsi une eau aussi belle que l'eau de roche.

semblables aux soins que l'on donne aux produits de la vigne. On doit soutirer le liquide de la même façon que le vin ordinaire, achever de le laisser fermenter dans les tonneaux, le boucher après sa fermentation, et le coller ensuite. Cette boisson, très-agréable, est de bonne conservation.

M. Alphandéry a fait fermenter une certaine quantité de cannes à sucre de la Chine avec différentes proportions de jus de la vigne ; il a obtenu ainsi des vins que nous avons goûtés à la Société d'Agriculture du département des Bouches-du-Rhône, et qui ont été trouvés de bonne qualité (1). D'après les calculs de cet honorable collègue, il peut donner cette boisson à un prix bien inférieur à celui des vins ordinaires.

En concentrant le jus obtenu de la canne, et lui faisant marquer 14 à 15 degrés au pèse-sirop, le laissant ensuite fermenter comme du vin cuit ordinaire, on obtient une boisson qui est comparable aux meilleurs vins cuits.

(1) Ces vins, au point de vue de l'alcoolisation, sont préférables à beaucoup de vins usités. Mais le goût, à notre avis, n'est pas franc, ce sont deux bouquets bien différents, obligés de se trouver en contact. Le dégustateur qui boit les produits de la canne à sucre de la Chine, discernera parfaitement, d'une part, le bouquet inhérent au véritable vin, et celui qui est le propre de la canne à sucre de la Chine.

Nous avons obtenu, en faisant fermenter, avec une quantité d'eau suffisante, les bagasses dont nous avions extrait le sucre, un liquide de bonne qualité, et qui, pendant l'année 1855, s'est bien conservé; il avait été fait en novembre 1854.

L'an passé, nous avons fait fermenter 41 kilog. de résidus avec 230 litres d'eau ; nous y avons ajouté l'écume provenant de 59 litres de jus, destinés à la fabrication du sucre ; l'on a soutiré trois jours après, et nous avons obtenu ainsi 96 litres de liquide, d'une saveur un peu acidulée dans le principe ; mais, en la laissant reposer, cette boisson est devenue très-claire et très-agréable à boire ; elle nous sert à nos usages journaliers, et nous la préférons à beaucoup de vins : elle est très-économique et peut soutenir la comparaison avec les meilleurs cidres.

M. le comte de David de Beauregard, a obtenu un rhum qu'il a soumis à l'appréciation du *Comice agricole* de Toulon, et qu'il propose d'appeler *Rhum des îles d'Hyères*.

VINAIGRE.

Nous avons l'habitude de faire le vinaigre avec les nœuds provenant des cannes, et d'y ajouter celles qui sont plus ou moins avariées. Le procédé est excessivement simple : Broyer le tout sous la meule, le mettre en contact avec une quantité d'eau suffisante pour faire surnager le liquide de quelques centimètres, le laisser fermenter ensuite tout seul jusqu'à ce qu'il ait acquis les qualités voulues pour du bon vinaigre; tel est le mode de préparation nécessaire. Il est indispensable de soutirer une ou deux fois ce vinaigre, afin de le priver de toute substance étrangère ; on peut économiser ce travail en le collant la première fois. Ce vinaigre est d'un blanc jaunâtre et d'une acidité convenable.

Quelquefois, nous avons laissé fermenter les nœuds avant de les recouvrir d'eau : on obtient alors un vinaigre plus fortement coloré ; on pourrait aussi se servir du cidre ou piquette de sorgho, qu'on additionnerait d'une légère quantité d'acide tartrique ; l'on peut aussi obtenir ce liquide en entassant dans une barrique les résidus dont on a extrait le jus pour la fabrication soit du sucre, soit de l'alcool. Dans ce cas, nous l'avons laissé jusqu'au point où ces résidus aient acquis une chaleur assez grande pour qu'elle fût sensible à la main immergée ; on ajoute alors de l'eau, et on laisse fermenter comme il a été dit ci-dessus.

RÉSIDUS DE DISTILLATION.

En faisant évaporer à siccité les résidus provenant de la distillation, nous avons obtenu en abondance diverses substances dont nous allons nous entretenir.

La première de ces substances, riche en acide sorghotique, comme l'indique assez sa saveur acerbe, présente, à l'intérieur, une efflorescence farineuse d'une couleur jaune-pâle. Sa cassure offre une cristallisation analogue à celle du chlorhydrate d'ammoniaque observée sur la surface de la substance; cette cristallisation rayonne en aiguilles du centre à la circonférence. Ce corps, traité par l'acide sulfurique et l'albumine, a présenté, au microscope, des caractères physiques qui décélaient encore la présence de légères traces de sucre.

Le second résidu, d'apparence noirâtre, ne présentait, dans sa cassure pâteuse, que des cristallisations rayonnantes isolées; l'une de ces surfaces extérieures portait une efflorescence pâteuse d'un jaune sombre. Son odeur âcre et irritante décélait la présence de l'acide sorghotique. Il contenait encore des traces de sucre.

Le troisième, avait l'apparence d'une cristallisation

de soufre décantée ; sa couleur marron, pointillée de cristaux blancs en aiguilles, était moins foncée que celle du soufre ; son poids, comparé à celui des autres résidus, était beaucoup moindre. Traité d'une certaine façon, nous avons obtenu de ce dernier produit des aiguilles cristallisées, d'une couleur blanche, d'une légéreté remarquable, et qui, au premier aspect, ont paru à M. Favre, professeur de chimie à la Faculté des sciences de Marseille, ressembler à de la mannite. Cet honorable professeur n'a donné cette opinion que sous toutes réserves. L'analyse chimico-microscopique n'a décélé aucune trace de sucre.

CHAPITRE VIII.

Etude sur la graine de la Canne à sucre de la Chine.

> Ce n'est point l'occasion de voir beaucoup qui fait l'expérience, parce que la simple intuition d'une chose n'apprend rien, et que l'observation adroite d'un fait n'est même pas encore ce que l'on entend par la vraie expérience.
>
> ZIMMERMAN.

Dans un des chapitres précédents, nous avons laissé le panicule de la canne à sucre de la Chine détaché de la mère-plante et destiné à être dépiqué plus tard. Reprenons aujourd'hui ce panicule et voyons de quelle manière nous pourrons en obtenir quelques produits.

Commençons par établir que le dépiquage de la

canne à sucre de la Chine s'obtient par les mêmes procédés que ceux qui sont en usage pour le dépicage des céréales. Nous pensons que le battage au rouleau et à la machine pourrait s'adapter à la récolte de cette graine.

Nous ne devons pas, cependant, passer sous silence un procédé qui, nous le pensons, sera utile, surtout dans les localités où les soirées sont fort longues. Il consiste à passer le fût de la canne à sucre de la Chine à travers des trous faits dans une planche ; en tirant vivement le fût en sens opposé, ce dernier reste à la main avec le panicule complètement dépouillé de ses graines, qu'on reçoit sur un linge ou sur le sol.

Faisons observer en passant qu'il est indispensable de bien laisser sécher à l'air chaque panicule séparément (1) avant de les lier en bottes. Pour n'avoir pas suivi ce précepte, nous avons perdu beaucoup de graines qui avaient contracté une odeur désagréable. La farine que nous avons retirée de ces graines avait une

(1) C'est surtout dans les époques où la saison est pluvieuse qu'on doit prendre cette précaution ; on pourrait aussi, dans ce cas, suivre la méthode usitée chez les Cafres pour la conservation des blés de Guinée (*Holcus safrorum*). Ces insulaires pendent dans leurs habitations les épis et ne les dépiquent qu'après les avoir laissés ainsi pendant plusieurs mois.

odeur repoussante et un goût insupportable. Nous avons pensé qu'il était urgent de faire cette observation, afin que, plus tard, on ne vienne pas nous dire : la farine de la canne à sucre de la Chine est impropre à l'alimentation à cause de son mauvais goût. Nous faisons notre possible pour prémunir nos lecteurs contre les déboires que nous avons éprouvés.

La graine ainsi séparée de son panicule, ce dernier peut être utile à divers usages.

Passant sous silence les principes tinctoriaux qu'il recèle, nous pouvons en faire ressortir l'utilité comme balai d'appartement.

La graine que nous avons obtenue doit se vanner comme d'usage.

Nous sommes dans l'habitude de regarder comme graine bonne au semis, celles-là seules qui restent sur un crible dont les trous ont cinq millimètres de diamètre. Tout ce qui passe en dessous peut être utile à beaucoup d'usages ; mais nous le considérons comme impropre au semis.

En effet, la graine qui ne peut passer au diamètre indiqué, est ordinairement fournie par la partie supérieure des panicules. Or, nous avons fait observer, d'autre part, qu'il y avait trois séries de floraison dans les épis, et, par conséquent, trois degrés de maturité. La floraison commençant par la partie supérieure de l'épi, et celui-ci ne devant se couper qu'après la parfaite maturité de sa partie inférieure, il résulte, nécessairement une maturation plus parfaite dans la partie supérieure.

Toute graine passant à un crible de quatre millimètres, est considérée comme impropre à la fabrication de la farine : ce sont celles que nous abandonnons aux volailles ou autres animaux, qui en sont très-friands.

Retournons maintenant sur nos pas et disons que les poussières résultant du premier vannage doivent être mises de côté ; elles sont utiles à divers usages que nous ne pouvons indiquer, vu qu'ils sont brevetés.

La graine ainsi préparée, se présente sous un aspect plus ou moins violacé, acquérant même quelques fois une teinte tellement foncée, qu'elle paraît noire ; cette graine est, le plus ordinairement, privée de cette série de petits poils qui entourent la partie supérieure de la cupule.

La cupule peut s'enlever; nous avons employé, pour parvenir à ce but, divers procédés qu'il est inutile de décrire ; ils avaient tous pour conséquence d'opérer des frottements tels que la cupule éclatait.

On voyait alors apparaître une peau blanche très-légère, marquée d'une teinte plus ou moins violacée sur les bords et parsemée de petits poils blancs qui se réunissaient, vers la partie supérieure, à l'endroit où la cupule laisse voir la graine. Il est aisé de les apercevoir à l'œil nu et mieux encore en faisant usage d'une loupe.

L'intérieur de la cupule est d'une couleur plus claire que la partie qui reçoit directement l'action du soleil ; ce qui explique, peut-être, la différence des couleurs qu'on extrait de cette partie de la plante.

La graine est enfermée dans les différentes enveloppes que nous venons de décrire, le germe toujours tourné vers le pédicelle qui retient la cupule de la graine à l'épi.

La graine, dépouillée de sa glume (1), est d'une couleur jaune foncé, marquée d'un hile violacé, et qui, selon le sol dans lequel on l'a cultivé, conserve, sur son enveloppe secondaire des marques plus ou moins foncées d'un jaune tirant sur le violet. Les graines les plus mûres sont plus colorées que les autres ; d'où il ressort que plus la graine sera récoltée dans un pays chaud, plus elle sera colorée.

(1) On appelle ainsi l'enveloppe florale des graminées.

Il est urgent de laisser parfaitement mûrir la graine sur son panicule. Nous ne saurions trop insister sur ce point, car on évitera ainsi beaucoup de peine pour séparer la graine de sa cupule.

Nous sommes parvenu à obtenir des graines qui tombaient naturellement de la plante : dans ce cas, la cupule restait adhérente au panicule. Nous n'avons jamais pu obtenir que ce phénomène dépassât la partie supérieure du panicule, c'est-à-dire la première floraison de l'épi. Il est à présumer que dans les pays plus chauds, la graine peut tomber sur le sol privée de sa cupule. Cependant, les semences reçues directement de la Chine, avaient leur cupule ; elles étaient moins grosses que celles que nous récoltons.

Nous possédons encore un échantillon des premières graines, leur couleur est beaucoup moins foncée que celle des graines qu'on récolte aujourd'hui ; elles sont aussi infiniment moins grosses, ce qui nous fait présumer que cette plante, loin de perdre de ses qualités au point de vûe de la graine, gagne, au contraire, de ce côté. Nous désirons savoir s'il en est de même pour la production du sucre ou de l'alcool.

Si nous en croyons nos études pratiques, la canne à sucre de la Chine aurait acquis des qualités qu'on ne lui avait pas reconnues dans le principe. Est-ce la conséquence du mode de culture, du sol, de son acclimatation, ou doit-on l'expliquer par une étude plus approfondie de cette graminée ? Nous laissons à d'autres le soin de répondre à ces diverses questions.

La graine de canne à sucre de la Chine, soumise à un degré de torréfaction convenable, nous a donné, en l'employant en décoction comme du café, une boisson se rapprochant, par le goût, plutôt du thé que du café ; sa saveur est agréable.

M. de David de Beauregard se sert, depuis quelque temps, d'une préparation qu'il appelle chocolat, parce que, dit-il, elle en rappelle le goût et l'aspect, surtout si on l'additionne d'un vingtième de poudre de cacao. Pour obtenir cette préparation, M. de Beauregard fait torréfier légèrement la farine faite avec la graine de la canne à sucre de la Chine ; il la met à tremper dans l'eau, la veille, et obtient ainsi de la pâte qu'on fait bien cuire, la boisson semi-liquide, qui résulte de cette cuison, est, à ce qu'il paraît, nourrissante (1), économique et d'un goût agréable.

(1) Nous partageons la manière de voir de l'honorable président du Comice agricole de Toulon. Nous prouverons, dans les chapitres suivants, que la farine extraite des graines de la canne à sucre de la Chine est très-nourrissante, et l'on se l'expliquera aisément par l'analyse que nous en donnons.

La graine, privée de cupule, est encore recouverte par deux enveloppes : l'une, celle dont nous avons déjà indiqué la coloration, est jaune, marquée de rouge ; l'autre, qui est adhérente à la partie féculente de la graine, est onctueuse, d'une couleur terre de Sienne brûlée plus ou moins foncée, passant au rouge. Quand elle est détachée de la graine, elle colore la farine. Nous pensons donc qu'il serait utile de soumettre cette plante à une préparation pour la décortiquer, comme on le fait pour obtenir l'orge perlé.

Il s'agirait donc d'admettre un frottement tel que le périsperme fût enlevé sans attaquer la partie farineuse de la graine.

On enlève aisément la première enveloppe ; mais celle qui touche la farine est d'une adhérence très-forte. Il en est de même dans l'orge. La farine de cette céréale est presque inséparable du son ; mais après le perlage, on obtient une très-belle farine. La graine de la canne à sucre de la Chine se trouve dans les mêmes conditions.

Dans le chapitre suivant, nous nous entretiendrons des différentes farines et de leur utilité. Disons, en passant, que la distinction que nous avons déjà établie entre les différentes qualités de graines soumises au crible, n'est pas sans action sur les farines que nous obtiendrons plus tard.

Si l'on soumet à la meule, séparément, les graines que nous nommerons de rebut (celles destinées à la volaille), on obtiendra un produit d'un goût âpre et insupportable. Ce problème n'est pas difficile à résoudre : cette farine étant le produit de graines faillies ou imparfaitement mûres, on ne peut juger, par ce résultat, de l'utilité des graines de la canne à sucre de la Chine. Il n'en est pas de même de la seconde qualité de graines : celle-ci conserve bien, il est vrai, encore quelques grains non parvenus à leur état parfait de maturité ; mais ils sont en très-petite quantité, et ne peuvent influer sur le produit retiré.

On doit classer parmi les graines de la deuxième catégorie, toutes celles récoltées au-dessus de la zône de la partie méridionale de la France, si nous en jugeons par quelques échantillons qui nous ont été remis. Celles du Midi de la France et de l'Algérie, se trouvent presque complètement comprises dans la première section. Ce ne sont que les graines tardives qui, sous ces latitudes, se trouvent faire partie de la dernière catégorie.

Quant aux graines complètement faillies, celles qui

n'ont pas encore acquis la couleur violacée à l'époque des gelées, elles doivent, nous pensons, s'employer soit à des teintures, soit à l'extraction de la fécule ou à la nourriture des volailles.

Tous les animaux de basse-cour se montrent très-friands des graines de canne à sucre de la Chine. Celles-ci teignent leurs os d'une manière particulière, ainsi qu'on le voit dans la garance (1).

M. le comte de David de Beauregard a constaté ce fait pour la canne à sucre de la Chine. Les os des animaux qu'il a nourris avec ses graines mûres, ont été colorés en bleu violacé. C'est en vain qu'on voudrait centester à la canne à sucre de la Chine ses qualités tinctoriales. Il est évident, d'après les faits ci-dessus, que cette plante est au moins aussi riche en principes tinctoriaux que la garance. Il nous sera aisé de prouver ce fait, qui est mis hors de doute, par la coloration des os. En effet, peu de plantes produisent ce phénomène.

(1) Toute plante produisant des principes tinctoriaux, telles que la garance et la canne à sucre de la Chine, forment dans la contexture des os appartenant aux animaux qui en sont nourris, des zônes plus ou moins colorées, selon le laps de temps que les animaux ont été soumis à cette nourriture.

CHAPITRE IX.

Etude sur les produits de la mouture de la canne à sucre de la Chine.

> Toute vérité scientifique s'augmente, se développe, acquiert son point de maturité ; mais comme les enfants, on ne la met point au monde sans effort, sans douleur et sans déchirement.
>
> RÉVEILLÉ PARISE.

Nous avons déjà dit, dans le chapitre précédent, que la graine de la canne à sucre de la Chine, a beaucoup de rapport avec l'orge. Comme ce dernier, la partie corticale (le péricarpe) demande à être découpé en larges fragments, afin qu'il passe moins de son au blutage.

Nous avons soumis les graines à différentes épreuves.

Un hectolitre (65 kil.) de graines de canne à sucre de la Chine, parfaitement vanné, a été remis à un moulin ordinaire ; nous avions recommandé de relever un peu la meule afin d'enlever seulement la cupule de la graine. Le peu d'habitude que l'on a, dans ces pays, de faire subir cette préparation, a été cause que nous n'avons pu obtenir le résultat que nous désirions.

Voici quel a été le rendement :

	13 kilog.	650 gr.	de gros son.
	13 kilog.	150 gr.	de second son.
	37 kilog.		de fleur de farine et semoule.
Total.	63 kilog.	800 gr.	

Il y a eu une perte d'un kilog. 200 grammes.

Le gros son avait un aspect violacé; quelques larges écailles de la cupule étaient enlevées. En soumettant ce son à un blutage parfait, nous l'avons décomposé en trois parties : la première, formée de larges plaques de cupule que l'on pourrait estimer avoir la moitié de la cupule entière; la seconde partie était composée d'un mélange de cupules et de périspermes (1) ; le

(1) Nous employons la dénomination de périsperme pour désigner l'enveloppe de la graine qui se trouve immédiatement en contact avec la farine. Nous avons pensé que cette dénomination

troisième produit contenait une très-grande proportion de périspermes ; la cupule y était représentée par de légères plaques ; son aspect était jaune violacé.

Le deuxième son était un composé de violet fourni par des débris de cupule, jaune brun, fourni par le périsperme; plus, de la semoule blanche produite par les débris de la graine.

La farine s'offrait à l'œil sous un aspect violet tirant un peu sur le rose. Sans le secours de la loupe, on pouvait y distinguer de légers débris de cupules et une quantité plus grande de périsperme. Blutée au tamis de soie le plus fin possible, pour en séparer toutes les parties étrangères, elle prenait une couleur rose très-pâle. L'œil, armé de la loupe, pouvait distinguer encore des parcelles de périspermes.

Quelle était donc la cause de ces variations de couleur? La réponse à cette question se trouve dans le mode de mouture employé.

Pour obvier à ces inconvénients, nous avons enlevé complètement la cupule avant d'envoyer la graine au moulin. Nous n'entretiendrons pas nos lecteurs des

était aussi exacte que possible. Il est cependant urgent d'expliquer notre pensée à cet égard pour qu'il n'y ait pas de malentendu.

moyens que nous avons employés pour arriver à ce perfectionnement ; mais nous leur signalerons ceux qu'on doit employer dans l'exploitation.

Pour parvenir au but que nous nous proposons, il faut se servir de petites meules horizontales en grès, ou en bois, de 50 centimètres de diamètre sur 15 centimètres d'épaisseur, et tournant, sur leur axe, 400 fois par minute. Chacune d'elle sera entourée d'une chemise en tôle, criblée de trous, et dont les bavures seront tournées en dedans. Il est nécessaire de laisser entre les côtés de la meule et ceux de la tôle, un intervalle d'un centimètre environ. Les graines doivent tomber par une trémie sur la surface supérieure de la meule qui, en vertu de son mouvement de rotation, les lance vers la circonférence où elles sont usées alternativement contre les surfaces verticales de la meule et de la tôle, et elles finissent ainsi par se perler. Le déchet s'échappe en dehors.

Selon que l'on aura laissé plus ou moins longtemps la graine dans cet appareil, on enlèvera seulement la cupule ou complètement le périsperme ; une soupape sera disposée de telle façon que les graines, sortant à volonté, on les remplace par d'autres.

Revenons à notre point de départ : la graine a donc

été privée de la cupule, nous avons obtenu, par hectolitre, 47 kilog. de graines décortiquées, et 15 kilog. du produit de la décortication. Il y a donc eu 3 kilog. de perte (1).

La graine se présente alors complètement dépouillée de sa cupule ; elle a l'aspect d'un blé tirant sur le jaune brun, avec des plaques violacées dans certains grains. La grosse semoule, provenant du triturage, est d'un blanc grisâtre, parsemé de larges plaques de périsperme ; la seconde semoule, retirée du blutage de la farine, présente une teinte plus foncée et une plus forte portion de périsperme

La fleur de farine donne une teinte tirant insensiblement sur le violet. A l'œil nu, on y distingue une forte proportion de périsperme ; l'œil armé de la loupe y voit, d'une part, une forte proportion de périsperme d'une couleur jaune brun ; et, d'autre part, la fleur de farine d'un blanc assez net.

Restait encore une expérience à faire : il s'agissait de savoir si la graine, soumise à la mouture après avoir été complètement privée de toute espèce de pé-

(1) Ce rendement a été calculé sur les graines que nous avons décortiquées au moyen du frottement. C'est la cupule seule qui a été enlevée.

risperme, ne donnerait pas un produit de plus belle qualité.

Pour les travaux en grand, le moulin que nous avons décrit précédemment, serait suffisant pour obtenir la décortication complète. La graine, ainsi obtenue, est blanche, avec un hile violacé. Il n'existe plus alors que de la farine, l'une en semoule, l'autre en fleur. La semoule est blanche. Il en est de même de la farine, qui a cependant une teinte grisâtre plus prononcée.

Nous croyons être parvenu aux dernières limites du possible pour livrer à la consommation la graine de la canne à sucre de la Chine dans son état le plus parfait.

Cependant, les hommes spéciaux s'adonnant à ces études, parviendront peut-être à obtenir encore mieux. Il y a une chose positive, c'est que la coloration de la farine est due à un principe colorant contenu dans le périsperme, et qui parvient à pénétrer de plus en plus au centre de la graine.

Nous ajouterons que nous avons employé des procédés chimiques pour essayer de décolorer la graine décortiquée, et que nous sommes arrivé, après avoir enlevé à cette graine trois principes colorants, à obtenir une graine ayant, à l'intérieur, une couleur jaune brun très-foncé, présentant un hile noir. Le périsperme était parsemé de couleurs violettes. Quant à l'intérieur, la graine qui n'avait pas été soumise aux essais ci-dessus indiqués, présentait un aspect d'un blanc humide, tandis que l'autre avait une couleur d'un blanc éclatant. Ces expériences prouvent donc que la matière colorante est complètement contenue dans le perisperme.

La première farine, celle que nous avons obtenue directement du moulin, en lui envoyant la graine non décortiquée, a été soumise à différents modes de préparation. Nous l'avons pétrie d'abord toute seule en y ajoutant de la levure de bière ; le pain obtenu était assez bien levé ; il avait un aspect violacé lorsqu'il a été confectionné (29 janvier 1855), et aujourd'hui (20 mars 1856), il est parfaitement conservé avec une couleur violet-marron. Sa cassure est résineuse et son goût rappelle celui de la fécule.

Le 30 janvier 1855, nous avons pétri la farine de graine de canne à sucre de la Chine, avec du levain obtenu par la farine de touzelle blanche. Le pain que nous avons fait ainsi, avait un aspect d'un violet très-foncé ; il était levé comme celui dont nous nous sommes entretenu précédemment. Aujourd'hui, il est parfaitement conservé, d'un aspect à peu près identique à l'autre. Son goût est moins féculeux ; sa cassure est aussi résineuse.

Le pain obtenu, par le mélange de deux tiers farine de la canne à sucre de la Chine et un tiers de touzelle , et auquel on ajoute de la levure de bière, présente des caractères analogues aux précédents , si ce n'est que sa couleur est moins foncée. Son goût est légèrement féculeux, sa cassure résineuse.

En mêlant parties égales de farine de canne à sucre de la Chine et de touzelle blanche, on obtient, soit qu'on emploie de la levure de bière ou du levain, un pain beaucoup plus léger que le précédent. Sa cassure est moins résineuse ; sa conservation parfaite puisqu'il est encore mangeable aujourd'hui. Quant au pain résultant du mélange d'un tiers farine de canne à sucre de la Chine et la touzelle blanche, il a toutes les qualités du pain ordinaire, sauf la couleur un peu plus violacée et la cassure plus résineuse.

La farine de canne à sucre de la Chine est difficile à pétrir. On voit qu'il y manque le glutten ; mais mélangée avec la farine ordinaire, elle est aussi aisée à travailler. Elle absorbe seulement le double de la quantité d'eau nécessaire pour pétrir la farine ordinaire. Elle lève aussi aisément que le pain de froment.

La cuisson du pain dans lequel il entre la farine de la canne à sucre de la Chine, est plus difficile que celle du pain ordinaire. Après plusieurs essais, nous sommes parvenu à trouver la température nécessaire pour lui donner une cuisson convenable. Si le four est à la température voulue pour enfourner le pain de froment, la croûte se forme instantanément, et il n'est plus possible de cuire la mie.

Pour obtenir un pain de bonne qualité et parfaitement cuit, le four ne doit pas être à une température trop élevée. Nous pensons que la température voulue est celle nécessaire pour enfourner le pain de seigle. Les boulangers sauront mieux que nous les détails de la panification.

Nous avons employé cette farine à la confection de différentes espèces de gâteaux ; elle réussit bien dans les gâteaux dits secs : la pâte du gâteau de Savoie. Ajoutons que suivant le mode de travail auquel la pâte a été soumise, les gâteaux sont violacés ou roses (1);

(1) Nous pensons que cette différence de coloration est due aux différentes substances qui entrent dans la confection des gâteaux. Tout nous fait présumer que la qualité de l'eau employée n'est pas étrangère à ces différentes colorations. Des expériences entreprises dans ce but nous ont prouvé la véracité de nos prévisions.

ils ont, du reste, été trouvés fort bons par les nombreuses personnes qui en ont goûté. Deux des meilleurs confiseurs de Marseille s'étaient chargés de leur confection.

La farine des graines de canne à sucre de la Chine, mêlée avec environ la moitié de la farine de touzelle est excellente pour faire des beignets ou autres pâtes qu'on doit frire dans l'huile. Nous avons remarqué que des gâteaux ainsi confectionnés n'ont pas le défaut d'absorber une grande quantité d'huile, comme la pâte ordinaire.

Cette farine forme d'excellent potage qui imite le *Racahout des Arabes*.

Désireux de connaître la composition intime de la farine résultant de la mouture des graines de la canne à sucré de la Chine, nous en avons pris 25 gr. que nous avons pétris avec 15 gr. d'eau. Ce mélange a été laissé hydrater pendant 40 minutes. Nous l'avons malaxé ensuite sur un tamis de soie qui a laissé passer 12 gr. de fécule présentant une teinte rosée, coupée par des zônes d'un blanc grisâtre. Au-dessus, la teinte était marron. L'odeur était à peu près celle de la fécule ordinaire. Il est resté sur le tamis une matière grenue, d'un rose sale, et pesant 4 grammes 7 décig.

La perte a été de 8 grammes 7 décigrammes. Nous pensons qu'elle est due à la fécule enlevée par les divers lavages.

La fécule obtenue, par le procédé des amidonniers, de la graine dépouillée de la cupule, est d'un gris rosé.

Indépendamment de la fécule contenue dans les graines, le jus destiné à faire le sucre, ayant été reposé pendant douze heures, nous a donné 3 gr. 5 déc. de fécule desséchée pour quatre litres 1/2 de jus.

Cette fécule, desséchée immédiatement sans lavage préalable, était grise ; lavée, elle est devenue presque blanche.

Nous ne pensons pas que ce produit puisse être d'une bien grande utilité ; mais nous le mentionnons afin que les expérimentateurs qui viendront après nous sachent exactement tous les produits qu'on a retiré de cette graminée.

CHAPITRE X.

Rendement de la Canne à sucre de la Chine.

> Parqoy ne soyons si simple de nous reposer et endormir sur le labeur des anciens, comme s'ils avaient sceu ou tout dit, sans rien laisser à excogiter et à dire à ceux qui viendront après eux.
>
> AMBROISE PARÉ.

Nous allons donner le rendement que nous avons obtenu dans notre propriété, située dans le quartier de Séon-Saint-André, banlieue de Marseille. L'espace cultivé en cannes à sucre de la Chine était de 36 mèt. 80 cent. de long, sur 8 mètres de large, soit 2 ares 94 centiares de superficie. Nous avons dit plus haut de quelle manière le terrain avait été préparé ; nous relaterons, pour mémoire, que nous avons fait arroser notre plantation deux fois par semaine, et qu'un ouragan jetait les cannes par terre, le 3 septembre.

Nous donnerons d'abord le décompte des récoltes faites au jour le jour ; ensuite, le résultat total obtenu sur un hectare de terrain.

Faisons observer tout d'abord que l'état de notre santé ne nous a pas toujours permis de mettre nous-même la main au travail. Dans ce cas, il était confié à nos enfants et à une servante intelligente. Ce simple énoncé expliquera les déchets que nous avons obtenus et le retard que nous avons apporté quelquefois dans la cueillette des cannes.

Lorsque la gelée est venue interrompre nos travaux, il restait encore sur place environ 300 kilog. de cannes brutes, qui ne sont pas comprises dans le rendement.

Nous avons toujours enlevé, cette année, les nœuds et la peau qui nous étaient utiles pour d'autres usages. Ce *modus faciendi* a nécessairement produit une perte de jus. Désireux de donner des appréciations bien exactes, nous rappelons tous ces petits incidents, afin que chacun de nos lecteurs puisse apprécier à sa juste valeur le rendement obtenu.

Toutes les fois que nous parlerons du poids des cannes brutes, il est bien entendu qu'elles étaient privées de la graine et du fût.

Le semis avait été fait le 3 mai, nous avons commencé (1) la récolte dans les derniers jours d'octobre.

30 octobre.

Cueillette : 57 kilog. de cannes brutes (2).

Privées de feuilles, elles pesaient............	43 k.	7 h.
Les nœuds enlevés, restaient................	35	3

Le pèse-sirop marquait 9 degrés ; nous avons obtenu de ces cannes 12 litres de jus pesant 12 kilog. 100 grammes, le résidu de la moëlle enlevée de dessous la presse (3) pesait 3 kilog. 637 grammes.

5 novembre.

Cueillette : 34 kilog. 400 grammes de cannes brutes (4),

(1) C'est à la pluie et au mauvais temps qui ont régné à Marseille pendant tout le mois de septembre que nous attribuons la maturation tardive de nos cannes. Dès le 19 septembre, nous avons pu cueillir quelques cannes, mais la récolte n'a mûri que fin octobre. En 1854 la récolte a été beaucoup plus précoce.

(2) On comptait 70 cannes dans cette coupe.

(3) Nous estimons à 1 litre le jus bu par la planche sur laquelle on travaillait. Cette quantité de liquide est passée sous silence dans le rendement obtenu.

(4) Il y avait dans cette cueillie 46 cannes.

Dépouillées de feuilles, elles pesaient.	28 k. 400 g.
Les feuilles pesaient...,............	6 k.
Les nœuds pesaient...............	4 k 400 g.
Les pailles pesaient................	8 k. 100 g.

Le pèse-sirop marquait 9 degrés. Elles ont rendu 11 litres 2 décilitres 1/2 de jus pesant 10 kilog. ; reste 6 kilog. de résidus.

6 *novembre.*

Cueillette : 75 kil. de cannes brutes, qui ont donné,

Feuilles..................	12 k.	200 g.
Nœuds...................	10	»
Paille.....................	15	600
Résidus..................	12	900
Jus, 20 litres 1/2, pesant...	25	»

Le pèse-sirop marquait 8 degrés.

9 *novembre.*

Cueillette : 58 kilog. de cannes brutes.

Feuilles..................	11 k.	100 g.
Nœuds..................	6	900
Paille.....................	12	900
Résidus..................	4	200
Jus......................	12 litres 3/4.	

Le pèse-sirop marquait 8 dégrés.

10 *novembre.*

1re cueillette : 32 kilog. de cannes brutes,

Feuilles..................	4 k.	980 g.
Nœuds...................	4	800

Paille....................	6 k.	230
Résidus..................	4	100
Jus......................	9 litres.	

Le pèse-sirop marquait 8 degrés.

2e cueillette : 31 kilog. de cannes brutes,

Feuilles..................	7 k.	200 g.
Nœuds....................	4	460
Paille....................	7	200
Résidus..................	3	700
Jus......................	8 litres 2 décil.	

Le pèse-sirop marquait 8 degrés.

12 novembre.

Cueillette : 31 kilog. de cannes brutes,

Feuilles..................	4 k.	920 g.
Nœuds....................	4	950
Paille....................	6	300
Résidus..................	5	170
Jus......................	6 litres 3/4.	

Le pèse-sirop marquait 8 degrés.

13 novembre.

1re cueillette : 47 kilog. de cannes brutes ; toutes ont des rejetons partant des nœuds,

Feuilles..................	8 k.	800 g.
Nœuds....................	6	100
Paille....................	10	700
Résidus..................	6	»
Jus......................	10 litres.	

Le pèse-sirop marquait 8 degrés.

2e cueillette : 41 kilog. 1/2 de cannes brutes; elles sont mouillées, car il pleut depuis deux jours,

Feuilles..................	8 k.	100 g.
Nœuds....................	5	200
Paille.....................	8	400
Résidus..................	5	400
Jus.......................	8 litres 3/4	

Le pèse-sirop marquait 8 degrés.

14 novembre.

1re cueillette : 22 kilog. cannes brutes.

Feuilles..................	4 k.	» g.
Nœuds....................	4	200
Paille.....................	4	100
Résidu....................	4	»
Jus.......................	5 litres.	

Le pèse-sirop marquait 8 degrés.

2e cueillette : 27 kilog. de cannes brutes.

Feuilles..................	4 k.	800 g.
Nœuds....................	4	»
Paille.....................	5	500
Résidus..................	3	700
Jus.......................	5 litres 1/4.	

Le pèse-sirop marquait 8 degrés.

3e cueillette : 32 kilog. 300 gr. de cannes brutes ; une partie des cannes, séparées des nœuds, a été gardée pendant deux jours.

Feuilles..................	6 k.	400 g.
Nœuds....................	5	400

Paille	7	260
Résidus	6	700
Jus	6 litres.	

Le pèse-sirop marquait 8 degrés.

16 novembre.

1re cueillette : 26 kilog. 300 gram. de cannes brutes ; elles ont été prises dans un endroit à l'ombre ; leur feuillage est très-vert, les graines sont à peine mûres et les rejetons en fleurs,

Feuilles	5 k.	260 g.
Nœuds	4	300
Paille	6	150
Résidus	4	120
Jus	5 litres 1/2	

Le pèse-sirop marquait 7 degrés.

2e cueillette : 46 kilog. 100 gram.,

Feuilles	7 k.	600 g.
Nœuds	9	500
Paille	10	690
Résidus	8	700
Jus	6 litres 3/4.	

Le pèse-sirop marquait 7 degrés.

On a compris parmi les nœuds une partie des rejetons qui y étaient adhérents.

17 novembre.

Cueillette : 36 kilog. 300 gram. de cannes brutes;

presque tous les bouts étaient avortés, elles se trouvaient à côté d'un bassin et avaient été noyées,

Feuilles	6 k.	» g.
Nœuds	7	300
Paille	8	800
Résidus	6	»
Jus	5 litres.	

Le pèse-sirop marquait 7 degrés.

19 novembre.

Il pleut depuis deux jours, nous nous décidons cependant à faire cueillir, d'une part, un fagot de 57 kilog. 500 gram., sur lesquels nous opérons immédiatement, et un autre de 87 kilog. 700 gram., sur lesquels nous opérons le lendemain.

Cueillette : 57 kilog. 500 gram.,

Feuilles	12 k.	550 g.
Nœuds	9	600
Paille	12	700
Résidus	7	»
Jus	12 litres	

Le pèse-sirop marquait 8 degrés.

20 novembre.

Nous opérons sur 87 kilog. 700 gram. de cannes brutes qui ont été cueillies le 19 (1),

(1) Les 145 kilog. de cannes cueillies le 19 novembre ont donné 3 kil. 508 grammes sucre brut.

feuilles .... 15 k. 500 g.
Nœuds.................... 14 500
Paille...................... 16 800
Résidus................... 15 100
Jus......................... 18 litres 1/4.

Le pèse-sirop marquait 9 degrés.

22 novembre.

Cueillette : 60 kilog. de cannes. La pluie nous a empêché de cueillir plus tôt.

23 novembre.

Les 60 kilog. de cannes, cueillies le 22, ont donné :

Feuilles.................. 10 k. 400 g.
Nœuds.................... 14 400
Paille...................... 18 600
Résidus................... 12 100
Jus......................... 15 litres (1).

Le pèse-sirop marquait 8 degrés.

26 novembre.

Cueillette : 131 kilog. de cannes butes, qui ont été divisés en 2 paquets ; l'un, de 61 kilog., a été employé immédiatement ; l'autre, de 70 kilog., est renvoyé au lendemain.

Les 61 kilog. cannes brutes ont donné :

Feuilles........................... 14 k. 400 g.
Nœuds............................ 12 900
Paille.............................. 19 600
Résidus........................... 10 800
Jus................................. 17 litres.

Le pèse-sirop marquait 9 degrés.

(2) Les 15 litres de jus ont rendu 1 kil. 500 gr. sucre brut.

27 novembre.

Les 70 kilog. cannes brutes, cueillis le 26, ont donné :

Feuilles	10 k.	400 g.
Nœuds	14	100
Paille	19	200
Résidus	12	300
Jus	16 litres.	

Le pèse-sirop marquait 8 degrés.

La gelée que nous avons eue dans les premiers jours de décembre est venue interrompre nos travaux.

Nous avons donc obtenu, sur 2 ares 94 centiares, 179 litres de jus, qui ont rendu 30 kilog. de sucre brut. Le poids du litre de jus variait entre 860 grammes et le kilogramme.

Les cannes pesaient brutes 927 k. 640 gr., se défalquant de la manière suivante :

174 k. 640 gram. de feuilles.
155 » 440 » de nœuds.
196 » 280 » de paille.
141 » 627 » de résidus.

Maintenant si, de 927 kilog. 640 gram., poids total des cannes brutes, nous enlevons 667 kilog. 987 gr. total du poids des feuilles, pailles, nœuds et résidus, il nous restera, pour le poids du jus, 259 kilog. 653 gr.

Mais le poids du litre de jus varie entre 1 kilog. et 860 gram. La moyenne est donc de 930 gram., qui, multipliés par les 179 litres de jus, donneraient 143 kilog. 870 gram.

Il y a donc, pour la récolte totale, perte de 115 k. 783 gram., qui serait due soit à l'eau contenue dans les feuilles lorsqu'elles ont été cueillies, soit à d'autres pertes, qui peuvent s'expliquer, quand on pense que nous étions privé des appareils nécessaires pour opérer sans aucun déchet.

D'après le rendement ci-dessus, l'hectare, complanté en cannes à sucre de la Chine et soigné ainsi que nous l'avons indiqué, rendrait :

31,509 kilog. de cannes brutes, lesquelles donneraient :

1,019 kilog. de sucre brut ;

82 litres eau-de-vie à 35 degrés centigrades obtenus par la fermentation des résidus ;

4,809 kilog. de bagasses ayant servi à faire l'eau-de-vie ci-dessus désignée, et utiles à la fabrication de notre papier breveté ;

47 hectolitres 36 litres de graines ;

6,666 kilog. de paille propre aux usages que nous avons indiqués dans notre brevet :

5,279 kilog. de nœuds, lesquels sont utiles, soit à la fabrication du vinaigre, soit à des teintures brevetées;

5,932 kilog. de feuilles servant, soit à la nourriture des bestiaux, ou plutôt à l'extraction des teintures, qui, nous le pensons, seraient d'un meilleur profit. Si l'on voulait en retirer de l'alcool, on aurait, sur le même espace de terrain, 6,079 litres environ de jus.

Si maintenant nous décortiquons la graine, nous obtiendrons, par hectare :

434 kil. 32 grammes teintures sèches (1);

8,346 litres sorghotine liquide, et environ (2) autant de sorghine pareillement liquide.

4 litres 1/2 de jus, que nous avons laissé reposer pendant 12 heures nous ont donné 3 grammes 1/2 de fécule. On pourrait donc, en employant ce procédé, obtenir, par hectare, 4 kilog. 680 gram. de fécule.

Les résidus contiennent différentes substances utiles à plusieurs usages.

Nous passons sous silence les autres substances tinc-

(1) Nous ne parlons ici que des teintures des cupules de grains.

(2) Il est impossible de donner un rendement exact de la quantité de teinture contenue dans les cupules. Il y a une variation suivant les terres et le climat dans lesquels les cupules ont pris naissance.

toriales, ou autres, que l'on peut retirer de la canne à sucre de la Chine, qui y sont en très-grande abondance, et pour lesquelles on pourrait employer les cannes gelées.

Les résidus de la distillation des bagasses, qui ont fourni les 82 litres d'eau-de-vie ci-dessus désignés, pèsent, par hectare, 5,817 kilog. 180 gram.

Nous demandons à tout homme d'intelligence, à ceux qui ont vieilli dans les études agronomiques et industrielles : existe-t-il une plante qui puisse donner des produits aussi abondants et aussi variés? S'il n'en existe pas, dites, avec nous, que l'introduction de cette graminée est une fortune pour la France.

CHAPITRE XI.

Extraits de divers ouvrages, et remarques qu'ils ont suggérées.

> Attendons pour juger.
> Quel est celui de nous qu'on ne pourrait charger?
> On est prompt à tenir les choses les plus belles.
> La louange est sans pieds et le blâme a des ailes.
>
> VICTOR HUGO.

Notre but, en écrivant ce chapitre, est d'apprécier, à leur juste valeur, quelques-uns des travaux qui ont été faits sur la canne à sucre de la Chine.

Nous nous sommes rappelé les leçons pleines de charme du vénérable M. Lordat, professeur de physiologie, à la Faculté de médecine de Montpellier, et nous avons suivi les préceptes contenus dans les paroles suivantes :

« Après avoir puisé différents sucs dans le calice et « la corolle des fleurs, l'abeille se les approprie, les « élabore, et en compose bientôt, à sa manière, un « miel qui lui est propre et qui lui appartient. »

Nous puiserons, dans les ouvrages publiés, la partie la plus substantielle ; semblable à l'abeille, nous nous les approprierons, nous les élaborerons de notre mieux, et nous tâcherons d'en retirer un miel qui soit utile à nos lecteurs.

Dans un chapitre antécédent, nous avions parlé de la culture de la canne à sucre de la Chine en Algérie, nous avions exprimé le désir de connaître les résultats obtenus dans notre belle colonie. Grâce à un rapport adressé à M. le ministre de la guerre, par l'honorable M. Hardy, directeur de la pépinière centrale du Gouvernement à Alger, travail qui a été inséré dans les *Annales de la colonisation algérienne* (1), nous pouvons donner des renseignements exacts sur la culture de cette plante en Algérie.

(1) *Annales de la colonisation algérienne, bulletin mensuel de colonisation française et étrangère*, n° 51, mars 1856 (5e année, n° 3), page 176 et suivantes. Nous ne saurions trop recommander à nos lecteurs cette utile et intéressante publication.

Nous citons textuellement.

« Le 18 mai dernier, je fis semer trois parcelles de « sorgho à sucre, formant ensemble une superficie de « 17 ares, de qualité de sol à peu près identique. Le « terrain, parfaitement découvert, avait été labouré « profondément, et avait reçu une dose ordinaire de « fumier riche, provenant des immondices de la ville. « Le semis a été fait en lignes espacées de 80 cent. « les unes des autres. Lorsque les jeunes plantes eu- « rent pris un développement suffisant, je les fis dis- « tancer sur la ligne, à 30 ou 35 cent., arrachant à la « main celles qui étaient superflues. La plantation « reçut successivement trois binages, et trois légères « irrigations qui consistaient à faire courir un peu « d'eau dans une rigole ouverte au pied de chaque « ligne de plantes. J'estime qu'un pareil arrosage ne « doit pas employer plus de 400 mètres cubes à « l'hectare. Au dernier binage (1) on ramena la terre

(1) M. Hardy a fait usage des instruments attelés, tels que la houe à cheval pour donner les binages, et la charrue légère ou le buttoir pour tracer les raies d'arrosement. Nous ne saurions trop engager nos lecteurs à employer ces moyens; on doit bien se persuader qu'en agriculture il est urgent, surtout en France, de remplacer, autant que possible, la main-d'œuvre par les animaux; ce sera le seul moyen d'obtenir de notre sol tout le profit qu'on

« au pied des plantes, de manière à former un petit « billon, dont la ligne occupait le centre, tant pour « donner aux plantes un point d'appui contre les « vents que pour favoriser le développement des ra- « cines adventices, qui naissent de la base de la tige, « comme dans le maïs.

« La plupart des tiges atteignirent une élévation « de 4 à 5 mètres. Un grand nombre n'avaient pas « moins de 10 à 11 centimètres de circonférence à la « base.

« La maturité des graines eut lieu vers la mi- « septembre. Les 17 ares m'ont donné 425 kilogram- « mes de graines, ce qui porte le rendement à 2,500 k. « à l'hectare. Ce chiffre serait certainement de 130 « à 200 kil. plus élevé, sans le ravage des moineaux.

« J'ai remarqué que les plantes avaient, en général, « de trois à sept tiges. Ces tiges, séparées de leurs

peut en retirer. La main-d'œuvre devient de jour en jour plus chère; il est donc indispensable de la remplacer par les instruments aratoires fonctionnant au moyen des animaux de trait. Il serait à souhaiter, surtout dans le département des Bouches-du-Rhône, qu'on substituât la vache aux autres animaux de labour, cette dernière ayant l'avantage de produire du lait, en même temps qu'elle tire la charrue : ce qui donne double profit au propriétaire.

« feuilles et des pétioles, engaînant chaque méré-
« thalle, puis, débarrassées de la partie supérieure,
« qui ne contenait que peu ou point de parties saccha-
« rines, furent ramenées à une longueur moyenne de
« 2 mètres 50 centimètres. Ces pesées me donnèrent
« un résultat de 83,250 kilogrammes de tiges sac-
« charines à l'hectare.

« Les tiges, pilées dans un mortier, après avoir été
« coupées par tronçons, puis soumises à une pres-
« sion énergique, ont donné 67 p. cent de jus.

« Le jus extrait de ces tiges avait, fin septembre,
« au moment de la récolte des graines, une densité de
« 8° 3/4 à l'aréomètre de Beaumé, ce qui ferait ap-
« proximativement une proportion de sucre de 13
« pour 100.

« J'ai fait conserver, sur pied, les tiges dont on
« avait coupé les panicules de graines. J'ai la satis-
« faction de voir que, deux mois passés après la ré-
« colte de la graine, les tiges, qui sont restées debout,
« qui n'ont point été courbées par le vent, ni gâtées
« par les vers, n'ont rien perdu de leur saveur sucrée.
« Ainsi, on peut être assuré que non seulement le
« principe sucré se développe jusqu'au moment de la
« maturité des graines, mais qu'il se conserve encore

« dans les tiges longtemps après la récolte de ces « mêmes graines. Il est parfaitement établi qu'en « Algérie on peut utiliser les graines de sorgho sucre, « en les laissant venir à maturité, sans diminuer la « récolte du principe saccharin que contiennent les « tiges.

« Le sorgho à sucre est, pour ainsi dire, vivace, « car j'ai des plantes qui sont à la fin de leur deuxième « année d'existence, qui recommencent à faire une « troisième pousse, et se disposent à accomplir leur « végétation pendant une troisième année. Mais je me « hâte d'ajouter que l'on ne peut rien déduire de ce « fait, en faveur de l'utilité qu'il pourrait y avoir à « conserver cette plante plusieurs années. Je suis « fondé à croire que ce serait plutôt onéreux que pro- « ductif. La seconde année, les tiges atteignent à « peine la hauteur de 1 mètre 50 centim. à 2 mètres ; « elles sont chétives et grêles, comparativement au « développement de la première année, et beaucoup « moins grosse que le petit doigt. La troisième année, « il est plus que probable, leur développement sera « bien moindre encore. Mais, outre le peu de produit « que l'on obtiendrait de la prolongation de la même « plante sur le même emplacement, il y a une consi-

« dération bien autrement importante, c'est celle de « l'épuisement qui en résulterait pour la terre. Il faut, « au contraire, se hâter de retourner le sol, par un « bon labour de charrue, dès la fin de la première « saison. »

D'après les extraits que nous venons de faire du rapport de M. Hardy, il résulte que la culture de la canne à sucre de la Chine, en Algérie, donne en tiges saccharines, un rendement de beaucoup supérieur à ceux que nous obtenons en France. Les tiges ont donné 67 p. cent de jus (1) dont la densité, en Algérie, serait identique aux résultats obtenus chez nous. Quant à la quantité de graines, il n'en serait pas de même. Nous avons obtenu, pour les graines, un rendement bien supérieur à celui de l'Algérie.

M. Hardy a récolté 2,500 kilogrammes de graines à l'hectare ; en ajoutant les 200 kilogrammes qu'on suppose mangés par les moineaux, nous arrivons au chiffre de 2,700 kilogrammes par hectare.

(1) Nous devons faire observer, à ce sujet, que M. Hardy a eu la précaution d'enlever la partie supérieure des cannes, tandis que nous avons détaché seulement le fût. Ce mode d'opérer, que l'on doit adopter, donnerait un plus grand rendement, si les entre-nœuds supérieurs étaient privés complètement de principes sucrés; ce qui est à présumer, sans que nous puissions l'affirmer.

Nous ne supposons pas que les oiseaux de nos pays aient consommé une moins grande quantité de graines qu'en Algérie. Notre champ était littéralement assiégé par des oiseaux de toute espèce, les poules y ont même quelques fois fait irruption, et nous avons cependant obtenu 3,091 kilogrammes par hectare. Ce rendement est utile à constater, puisque la graine de cette plante précieuse rend de grands services au point de vue alimentaire et tinctorial.

Nous sommes heureux de voir réaliser nos prévisions, qui prouvaient que la racine de la canne à sucre de la Chine est vivace. Il paraît, cependant, d'après les expériences faites en Algérie, qu'il n'y a aucun avantage à la cultiver ainsi. Nous devons donc la considérer comme plante annuelle, et en tirer tout le parti possible.

La seconde pousse de cette plante peut, ainsi que nous l'avions indiqué, être livrée au bétail. Quant aux racines, il est bon de les arracher, car elles sont utiles pour la production de l'alcool. Elles ont l'avantage de se conserver longtemps une fois cueillies. Reste à savoir s'il ne vaudrait pas mieux les laisser dans le sol, et ne les en retirer qu'au fur et à mesure des besoins; c'est une expérience que l'on devra tenter. Nous passons sous silence leur utilité au point de vue tinctorial.

M. Hardy a fait son semis, en lignes espacées de 80 centimètres les unes des autres. Nous voyons avec plaisir que les expériences du laborieux directeur de la pépinière centrale du gouvernement viennent corroborer notre opinion relativement au mode de semis. Il nous semble cependant que la distance sur la ligne de 30 à 35 centimètres est un peu rapprochée. Les semis que nous avons faits à cette distance n'avaient pas acquis tout le développement dont la plante est susceptible. Il serait à souhaiter, ainsi que l'exprime le rapport (1) fait à la Société départementale d'Agriculture, par l'honorable doyen de la faculté des sciences de Marseille, M. Morren, que le gouvernement, prenant l'initiative, fît faire des essais comparatifs, afin que l'on pût savoir à quoi s'en tenir à cet égard. En effet, malgré l'appel que nous avions

(1) Voir dans le *Bulletin de la Société d'Agriculture des Bouches-du-Rhône* (années 1856, n° 5, page 215), le rapport fait à la Société départementale d'Agriculture, d'après l'invitation de M. le Préfet, sur la demande de M. le Ministre de l'agriculture et du commerce, par M. Morren, doyen de la Faculté des sciences de Marseille, au nom d'une commission, sur les résultats obtenus en Provence dans la culture du sorgho à sucre.

fait aux horticulteurs du département des Bouches-du-Rhône, à qui nous avions distribué gratuitement une grande quantité de graines de la canne à sucre de la Chine, il nous a été impossible d'obtenir des renseignements exacts, et aucun n'a répondu à notre appel. Il est donc bien prouvé qu'on pourra obtenir le résultat désiré par l'intermédiaire seul du gouvernement.

M. Hardy partage notre manière de voir, au sujet de la maturité de la graine.

Il est bien prouvé que le principe saccharin contenu dans les tiges n'est abondant qu'à la maturité de la graine.

L'honorable directeur de la pépinière centrale du gouvernement, à Alger, s'exprime ainsi, dans une autre partie de son rapport :

« J'ai extrait des tiges du sorgho un produit qui « pourra n'être pas sans importance, et qui fera l'ob- « jet d'une communication spéciale. »

Sans vouloir préjuger les découvertes annoncées, nous pensons qu'il s'agit du produit que nous avons fait breveter, sous le nom de gomme gutte du sorgho, ou de celui qui a été dénommé acide sorghotique. Nous ne pensons pas que la cérosie ou cire végétale que forme cette plante soit assez abondante pour donner un grand produit, au moins quant à présent.

M. Vallarino, cadet, qui a essayé la culture de la canne à sucre de la Chine, dans les environs de Perpignan, vient de publier, sous le titre de *Essais et recherches sur le sorgho sucré du Nord de la Chine, géant des plantes utiles, dédiés à l'Agriculture, au Commerce et à l'Industrie*, une brochure dans laquelle il rend compte des résultats qu'il a obtenus. M. Vallarino est d'avis que la plante doit se cultiver en lignes espacées de 50 centimètre en tous sens ; il adopte définitivement la distance de 40 centimètres dans un sens, et 60 centimètres dans l'autre. Sous ce point de vue, les travaux de M. Vallarino appuyent les résultats que nous avons obtenus, ainsi que ceux mentionnés par M. Hardy.

Nous citons textuellement la brochure sus-mentionnée.

« L'hectare de terrain donne 40,000 plants, ces « 40,000 plants, en prenant un minimun de trois ti- « ges par plants, donnent 120,000 tiges et naturel- « lement autant d'épis, qui, pesant minimum 50 gr. « chacun, fournissent 6,000k. de graines; en suppo- « sant, en outre, que chaque épi donne 2,500 grains,

« les 120,000 fourniront, approximativement, 90 « hectolitres.

« Le poids brut des 120,000 tiges, à 500 grammes « chacune, est de 60,000 kil., d'où 10,000 kil. de « fourrages frais; il reste donc 50,000 kil. de cannes « qui donnent de 25 à 30,000 kil. de jus. Les 6,000 « kil. de graines donnent, en blé, 5,000 kil., et en « pellicules propres à la teinture, 1,000 kil. »

Ce rendement nous paraît très-considérable ; il est à craindre que cet honorable agriculteur n'ait fait erreur dans quelques-unes de ses appréciations. Ce qui nous fait penser qu'il en est ainsi, c'est que dans une autre partie de sa brochure, M. Vallarino dit :

« Cependant, les résultats obtenus, quelque infimes qu'ils aient été, nous ont permis de calculer, « avec quelque vraisemblance, que nous pourrions « obtenir, en minimum, 40,000 plantes par hectare, « pesant de 60 à 70,000 kil. »

Il s'ensuivrait donc, d'après cet aveu, que le travail dont nous parlons est un calcul basé sur une très-faible échelle.

Les rendements que nous avons obtenus sont, de beaucoup, inférieurs à ceux de M. Vallarino ; cependant, notre rendement en grains est de beaucoup supérieur à celui de l'Algérie : si nous le comparons à celui que M. Vallarino a obtenu, nous le trouvons bien inférieur à ce dernier.

Nous n'avons récolté, en effet, que 47 hectolitres 57 litres de graines pesant 3,090 kil. ; c'est donc le double environ que M. Vallarino prétend avoir obtenu. La production de cannes serait de peu inférieure à celle de l'Algérie. L'hectare fournit 83,250 kil. de tiges saccharines en Algérie, et on en aurait obtenu 50,000 kil. à Perpignan. Le rendement en jus serait plus fort en Algérie qu'à Perpignan. On aurait obtenu 7 0/0 de moins dans cette dernière localité.

Il est à regretter que le jus n'ait pas été soumis au glucomètre. Quant aux cupules de graines, elles seraient dans la proportion de 17 kil, pour 100 kil. de graines chez M. Vallarino, et de 27 pour 100 chez nous. Toutes ces différences viennent corroborer l'opinion soutenue par la commission chargée d'apprécier la culture de cette plante dans le département des Bouches-du-Rhône, relativement à la nécessité de faire étudier, par le gouvernement (1), les résultats obtenus.

(1) Nous pensons que le seul moyen de connaître positivement tout le parti qu'on peut retirer de cette précieuse graminée, serait

Quant à l'opinion émise par M. Vallarino, relativement au gluten qui prédomine dans la farine des graines de la canne à sucre de la Chine, elle est infirmée par nos expériences qui, prouvent que cette farine est complètement privée de gluten.

M. Vallarino a remarqué que : « un peu de farine « enfermée dans un cornet, a laissé, après y avoir sé- « journé pendant trois jours, une grande trace d'huile « sur le papier dont il a été presque imbibé. » Nous ne partageons pas l'espoir de cet expérimentateur sur l'avantage qu'on pourrait retirer de cette substance. Jamais nous n'avons pu obtenir trace d'huile quand nous nous sommes servi de farine parfaitement blutée. Mais si l'on enferme dans un papier la décomposition du gros son venu du moulin, l'on verra de suite ce phénomène se produire. Le principe huileux est contenu dans l'enveloppe qui est immédiatement en contact avec le périsperme. Il y est en si petite quantité, que le sésame et l'arachide ne risquent pas d'être détrônés par la canne à sucre de la Chine.

d'établir aux frais du gouvernement une usine modèle ouverte au public, et dans laquelle on soumettrait la plante en question, prise dans toutes les localités, à des épreuves telles qu'on saurait au juste à quoi s'en tenir pour le rendement, sous tous les points de vue : c'est le seul moyen de donner à la culture de cette plante toute l'extention qu'elle mérite.

M. Vallarino nous a transmis un échantillon d'un produit, qu'il a obtenu dans le cours de ses expériences, par les procédés ci-dessous :

« Nous mîmes, après fermentation, 300 kil. de « cannes, écrasées au marteau, dans la chaudière ou, « d'ordinaire, nous faisions distiller les marcs de rai- « sin. Nous prîmes ensuite 50 litres d'eau de la chau- « dière, que nous fîmes refroidir. Au bout d'un cer- « tain temps, nous remarquâmes à la surface du « liquide, ainsi qu'aux parois internes du vase qui le « contenait, une couche de tartre ; en le recueillant « avec soin, nous en trouvâmes 55 grammes. La chau- « dière qui contenait 6 hectolitres d'eau nous en avait « donc donné, toute proportion gardée, 660 grammes, « quantité trop minime pour que ce fait ait quelque « importance. »

Tout nous porte à penser, d'après les expériences auxquelles nous avons soumis l'échantillon, que ce produit est de la silice. Déjà, nous avions obtenu pareil résultat; mais notre produit contenait du fer, et il n'y en a pas trace dans la substance obtenue par M. Vallarino. Ces produits sont dus au terrain dans lequel on a cultivé des cannes à sucre de la Chine. Nous espérons que M. Vallarino continuera ses expériences, et nous fera part des résultats obtenus.

Nous recevons, à l'instant, les *Annales de la Colonisation Algérienne* (1), et nous suspendons le tirage de cette feuille d'impression pour nous occuper du second rapport adressé, par M. Hardy, à M. le ministre de la guerre. Ce travail est d'une trop haute importance pour que nous le passions sous silence.

M. Hardy a laissé sur pied les tiges sur lesquelles il avait fait la récolte des graines. La cueillette de fin septembre a donné 67 de jus pour 100 de tiges. Ce jus avait une densité de 8° 3/4.

Le 8 novembre, 52 pour 100 de jus ; d'une densité de 9° 1/2.

Le 31 janvier, 51 pour 100 de jus, d'une densité de 8° 1/2.

Et le 6 février, 49 1/2 p. 100 de jus, une densité de 8°.

Nous citons :

« Tandis que, même dans le midi de la France, les « gelées ont détruit les tiges du sorgho vers la fin d'oc- « tobre, en Algérie, ces tiges peuvent se conserver « sans altération, pour ainsi dire, et sans frais, pen- « dant la majeure partie de l'hiver, pour alimenter les « distilleries. »

(1) N° 52, avril 1856.

Nous devons, ici, relever une erreur grave : si l'Algérie a le privilége de conserver ses cannes à sucre sur pied pendant plus longtemps que le midi de la France, il ne s'ensuit pas que tout espoir de récolte soit perdu à la fin d'octobre. C'est, sans doute, une erreur de typographie. C'est à la fin de novembre qu'a voulu dire l'honorable directeur de la pépinière centrale du gouvernement. L'an passé, nous avons cueilli jusque dans les premiers jours de décembre, et à la mi-février, nos cannes arrachées étaient encore très-bonnes pour la production de l'alcool.

Les expériences faites en Algérie prouvent :

« Que le jus du sorgho sucré porte avec lui son « principe fermentescible, et qu'il n'est nécessaire d'y « ajouter aucun levain pour obtenir la fermentation « alcoolique, en le soumettant, toutefois, à une tem- « pérature convenable. »

Cette opinion émise par M. Hardy, vient corroborer ce que nous avions dit précédemment.

« C'est au bout de huit jours de fermentation, con- « tinue M. Hardy, que le jus simple du sorgho sucré « a atteint son maximum d'alcoolisation : c'est à ce « point qu'il devait être soumis à la distillation. Deux « jours après, sa richesse alcoolique diminuait, et il « passait à l'acidification. »

Il est à remarquer que le jus était placé dans une serre à bouture, dans laquelle la température oscillait entre 22 et 30° centigrade. Nous avions donc raison de dire, précédemment, que beaucoup de personnes n'avaient pu obtenir la fermentation du jus, parce qu'elles l'avaient tenu à une température trop basse.

M. Hardy pense que les 2,500 kil. de graines que peut produire un hectare, donneraient 678 kil. 75 décag. d'alcool. Nous ne partagerons pas l'opinion de l'honorable M. Hardy, relativement à l'emploi de la graine. Nous pensons qu'il serait plus utile de la faire entrer dans l'alimentation.

D'après les calculs de M. Hardy, un hectare de sorgho sucré donnerait 108 kil. 400 grammes de cérosie, moyennant une dépense de main-d'œuvre de 250 fr. Il pense que cette substance, donnée à 50 centimes de moins par kil., remplacerait la cire d'abeille ; dans ce cas, la recette étant de 330 fr. 62 cent., le cultivateur aurait un bénéfice de 88 francs 62 centimes sur ce produit.

Il résulte du travail de M. Hardy, que l'hectare de sorgho à sucre, en Algérie, en convertissant les graines et les tiges en alcool, et à supposer que ce dernier produit fût maintenu au taux auquel il est porté aujourd'hui, donnerait un bénéfice de 8,313 francs 22 centimes par hectare ; mais, en supposant que les alcools tombassent à 70 francs l'hectolitre, il y aurait encore un bénéfice de 3,340 francs 49 centimes par hectare. Si l'on ajoute à ces chiffres les rendements en teinture et en papier, on sera persuadé que nous avons dit la vérité en assurant qu'aucune plante connue jusqu'à ce jour n'a jamais donné un pareil produit.

L'honorable directeur de la pépinière centrale du gouvernement, pense que le milieu du mois de mai est le moment le plus favorable pour les semis. Il paraît qu'en Algérie 122 jours suffisent pour arriver à la maturité de la graine. Nous citons :

« On peut commencer les premiers semis vers les « premiers jours d'avril. Les semis faits le premier « avril, mûriront leurs graines vers le 13 août, au « bout de 135 jours de végétation. Les semis pour- « raient s'échelonner ainsi jusque vers la mi-juillet. « Ceux qui seront exécutés le 10 juillet, mûriront « leurs graines à la fin de novembre, après 143 jours « de végétation. »

Nous ne pouvons, dans le midi de la France, suivre les indications données dans le travail de M. Hardy (1).

(1) Nous présumons que la récolte des semis faits à la fin du mois de mai eussent été utilisables si l'automne n'avait pas été

Les semis que nous avions faits le 3 mai, nous ont donné une bonne récolte. Les semis du 12, une demi récolte ; quant aux semis du 28 mai, nous n'en avons rien obtenu ; ils ont été gelés avant la maturité de la graine. Ces dernières étaient bonnes à faire des teintures et à la nourriture des bestiaux (1). Quant aux cannes, elles donnaient un alcool d'une qualité inférieure, et étaient impropres à la fabrication du sucre.

Nous continuons notre citation.

« On paraît craindre, dans le midi de la France, « qu'à la longue, le sorgho sucré, multiplié exclusi- « vement par graine, ne vienne à dégénérer, et l'on « conseille de le multiplier par boutures. Ce que « l'on craint pourrait arriver, si l'on cultive cette es-

aussi pluvieuse. Tout le monde sait qu'une trop grande humidité retarde la floraison de certaines plantes. Nous avons dit précédemment que la canne à sucre de la Chine avait besoin d'une forte chaleur pour taller promptement. Nous sommes donc dans le vrai en pensant que le retard apporté dans la végétation est dû à l'humidité constante de l'arrière-saison. Peut-être aussi avait-on eu le tort de prolonger les arrosements pendant trop longtemps ; nous pensons qu'à la fin du mois de septembre, il faut les suspen-pendre tout-à-fait.

(1) La canne à sucre de la Chine, cultivée au point de vue de la nourriture des bestiaux, peut se semer même plus tard qu'il n'est indiqué dans le travail de M. Hardy, mais à la condition de la faucher. Considérée à ce point de vue, cette culture est d'un excellent produit.

« pèce sans aucune prévoyance dans le voisinage im-
« médiat de congénères, le sorgho à balais, par exem-
« ple; il pourrait alors en résulter un abâtardissement;
« mais il n'y a aucun danger, si l'on a soin de la tenir
« parfaitement isolée. »

L'opinion émise précédemment, a eu pour point de départ les craintes exprimées par quelques-uns de nos collègues faisant partie de la commission chargée de faire un rapport sur les résultats obtenus, en Provence, dans la culture du sorgho à sucre. Nous ne partageons pas cette opinion. Nous pensons que le semis sera toujours préférable au bouturage. Si nous avons étudié cette question, c'était afin de savoir si cette plante pourrait se multiplier par bouture.

Nous avons cultivé des cannes à sucre de la Chine dans le voisinage de tous les sorgho connus. Les grai-que nous avons recueillies, sont identiques avec celles qui nous avaient servi de semence ; nous verrons si les semis qui en résulteront auront quelque inconvénient.

Nous passons sous silence le rapport de M. Hétet, pharmacien de la marine, sur le sorgho, considéré comme plante tinctoriale. Ce travail, dont un extrait est inséré dans le *Moniteur* du 9 mars passé, nous a prouvé que le rédacteur de ce journal avait complètement ignoré les produits que nous avions envoyés à l'Exposition universelle de Paris, et qui sont brevetés.

Nous devons, à la bienveillance de M. P. Roubaud, amateur passionné de tout ce qui a rapport à l'horticulture, un échantillon de l'imphy ou roseau sucré, importé par M. Léonard Wray, que nous avons cité précédemment. Il résulte de l'examen attentif auquel nous nous sommes livré, que les graines de l'imphy ne ressemblent, en aucune façon, à celles de la canne à sucre de la Chine. Nos prévisions sont donc réalisées. Cette nouvelle plante est un véritable roseau, à en juger par l'échantillon qui nous a été remis.

CONCLUSION.

> Il faut que tout homme travaille, toutes les fois que son organisation le lui permet, autrement c'est un frêlon qui vit aux dépens des abeilles et qu'on devrait écraser.
>
> DUBOIS, d'Amiens.

Nous voici arrivé à la fin de la première partie de cette Monographie.

Dans la préface, nous avons commencé par expliquer le but que nous nous proposions, et fait pressentir de quelle façon nous nous y étions pris pour expérimenter sur la plante qui nous occupe.

Nous avons étudié la canne à sucre de la Chine sous

tous ses aspects, nous demandant d'abord si elle était identique avec le sorgho ou autres plantes congénères, et laissant à chacun le soin de conclure sur les observations que nous avons données.

Parlant ensuite de la culture de la canne à sucre de la Chine, nous avons fait tout notre possible pour être utile à chacun de nos lecteurs, en étudiant la croissance de la canne à sucre de la Chine sous tous ses aspects, donnant, à l'appui, des tableaux d'une exactitude rigoureuse.

Le chapitre suivant a été consacré aux études sur la maturité de la plante qui est l'objet de notre sollicitude.

Nous avons aussi étudié la structure et la composition de la canne à sucre de la Chine.

Le chapitre suivant a traité de l'extraction du jus ; nous avons tâché, dans ce chapitre, d'être utile à tous nos lecteurs, dans quelque classe qu'ils se trouvent placés.

Dans le septième chapitre, nous avons parlé du traitement industriel du jus de la canne à sucre de la Chine ; nous avons passé, tour à tour, en revue, la fabrication du sucre, de l'alcool, du vin, du vin cuit, de la piquette ou cidre de sorgho, du rhum obtenu avec le jus de cette plante, le vinaigre qu'on peut en extraire, et les résidus provenant de la distillation.

Passant ensuite à l'étude sur la graine de la canne à sucre de la Chine, nous avons donné les moyens de la décortiquer et de quelle façon il fallait en séparer les différentes qualités, son utilité au point de vue de la nourriture des volailles ou autres.

Dans le neuvième chapitre, nous avons étudié les produits de la mouture de la canne à sucre de la Chine ; nous avons parlé de l'utilité de décortiquer cette graine ; des appareils nécessaires pour arriver à ce but. Nous avons étudié les différentes farines, leur utilité dans la confection du pain, de la biscuiterie, au point de vue des potages et autres. Nous avons donné la composition intime de cette farine et parlé des fécules qu'on peut obtenir de cette plante.

Passant, dans le chapitre suivant, au rendement de la canne à sucre de la Chine, nous avons donné des tableaux indiquant l'époque où les cannes ont été cueillies, et leurs divers rendements, qui ont été ensuite calculés sur un hectare.

Nous avons passé sous silence les principes colorants que nous devons traiter dans la seconde partie de cet ouvrage.

Nous avons cité plusieurs extraits de divers ouvrages très-récents, auxquels nous avons joint les remarques que leur lecture nous a suggérées.

Il résulte des divers travaux auxquels nous nous sommes livré, les conclusions suivantes :

La canne à sucre de la Chine est une plante providentielle et qui n'a pas son similaire connu dans le règne végétal : tout est utile sous plusieurs points de vue, qu'on la considère comme plante industrielle, par rapport au sucre, à l'eau-de-vie au papier, à la teinture, etc., ou qu'on envisage la graine, utile comme aliment, soit comme adjuvant de la nourriture de l'homme, soit comme nourriture des animaux qui sont destinés à l'alimentation.

Les pailles prennent place dans l'industrie par leur inimitable coloris : on a pu en juger par les échantillons envoyés à l'Exposition universelle. Peut-être un jour les filaments que nous avons extraits seront-ils utiles à fournir des vêtements ou autres objets pour lesquels les plantes textiles sont usitées.

Qu'il nous soit permis, en terminant, d'appeler la sollicitude du gouvernement sur cette plante précieuse, destinée, nous le pensons, à un avenir dont aucune plante au monde n'est susceptible ; car, il n'en est aucune qui puisse, tout ensemble, fournir à l'homme sa nourriture, son breuvage, son vêtement ; les principes tinctoriaux nécessaires à l'industrie ; du papier pour écrire sa pensée, de l'encre pour la tracer, du sucre pour ses besoins, et des substances qui, peut-être un jour, remplaceront des remèdes que nous payons, à l'étranger, au poids de l'or.

Nous ne pouvons clore ce dernier chapitre, sans remercier l'homme d'intelligence que le gouvernement a su envoyer en Chine, et qui, par l'introduction de cette plante, a rendu plus de services à la France que Parmentier en introduisant la pomme de terre.

Honneur à M. DE MONTIGNY !

POST-SCRIPTUM.

Nous donnons ci-joint une planche contenant vingt-une des couleurs que nous avons extraites de la canne à sucre de la Chine. Il serait difficile, par ce *Spécimen*, de se faire une idée de la beauté des coloris qu'on peut obtenir sur la soie, la laine et le coton : la première substance a, surtout, une affinité très-grande pour les principes colorants retirés de la plante qui nous occupe ; mais si la soie a plus d'affinité pour toutes les couleurs en général, il en est d'autres qui sont d'une beauté remarquable sur la laine et le coton.

Les principes colorants que nous avons fait breveter, sont au nombre de neuf, tous indépendants les uns des autres, et pouvant donner des sels colorés parfaitement cristallisés.

En combinant nos principes colorants avec diverses substances chimiques, on obtient, non seulement nombre de couleurs connues, mais encore des teintes sur étoffes qui sont inconnues en France, et qui n'ont de spécimen que dans les belles broderies que nous recevons de la Chine. Nous faisons des vœux pour que le gouvernement, comprenant toute l'importance de ces découvertes, publie les résultats obtenus. Il est impossible qu'une plante qui, dans les mains d'un seul individu, a donné des résultats si extraordinaires et si variés, ne soit pas appelée à jouer un grand rôle dans toutes les industries.

A la suite de notre planche de couleur, nous donnons un *spécimen* du papier que nous avons fait nous-même avec les résidus de la canne à sucre de la Chine. Nous avons pensé qu'il valait mieux donner ce produit dans toute sa pureté primitive, plutôt que de le colorer. Il n'entre, dans sa composition intime, aucune substance étrangère à la canne à sucre de la Chine.

Sa confection présente, sans doute, des défauts qui s'expliquent aisément quand on pense que ce papier a été fabriqué par une personne tout-à-fait étrangère à l'art de fabriquer du papier. Manquant de tous les objets nécessaires à cette industrie, aidée seulement de son fils d'un âge encore bien tendre, on comprendra, par les résultats obtenus, tout le parti que peuvent en tirer les hommes de l'art.

Quoique ce papier ne soit pas collé, on remarquera cependant que nous avons eu soin d'y écrire afin que nos lecteurs vissent par eux-mêmes que la pâte qui a servi à sa confection a des qualités inhérentes à la matière employée.

L'impression que nous y avons fait appliquer, prouvera que ce papier peut entrer dans la consommation et qu'il sera utile pour l'impression. On peut l'obtenir blanc ou couleur de papier Chine.

Nous avons refusé, jusqu'à ce jour, toutes les offres qui

nous ont été faites pour exploiter notre brevet, parce que nous pensons qu'il est de ces découvertes qui doivent être la propriété de tous et non le monopole de quelques individus.

Si le gouvernement veut nous dédommager des immenses sacrifices que nous avons faits pour obtenir les résultats auxquels nous sommes parvenu, nous lui offrons, non-seulement de publier un ouvrage explicatif avec un album d'échantillons, mais encore de faire un cours public dans lequel nous démontrerons théoriquement et pratiquement tout ce que nous avançons.

Qu'il nous soit permis de clore ce travail par la citation suivante, extraite d'une lettre de Mme Carpentier-Pape, insérée dans la quatrième partie du *Journal des Mères et des Enfants* :

« Lorsqu'il s'agit de *fonder*, de *créer*, d'*organiser*, il ne
« faut d'abord qu'une seule tête, qu'une seule volonté.
« Celui qui crée, sait ce qu'il veut; les autres, le savent-ils
« au même degré? voient-ils ce qu'il voit? désirent-ils ce
« qu'il désire? ont-ils sa foi, ses aspirations, ses besoins?
« Non! car il leur faudrait son âme, et cette sublime essence
« de l'individualité ne peut animer qu'un seul être. »

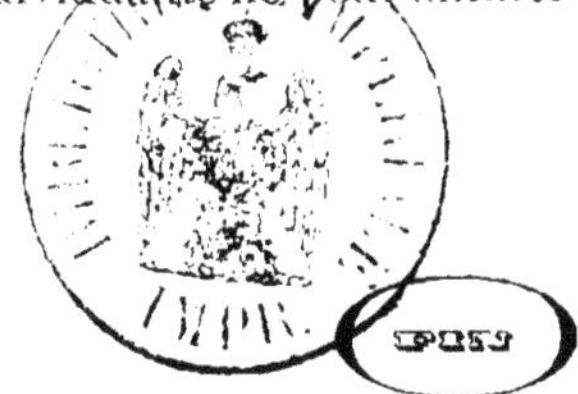

ERRATA.

Page 20, ligne 5 de la note, *au lieu de* : En est-il de même dans notre beau ciel de Provence? *lisez* : En est-il de même sous notre beau ciel de Provence?

Page 66, ligne 19, *au lieu de* : atteintes par les grêles, *lisez* : atteintes par les grêlons.

TABLE.

FIN DE LA TABLE.

SPECIMEN DE COULEURS

obtenues

DE LA CANNE A SUCRE DE LA CHINE

(dite Sorgho à Sucre.)

PAR LE DOCTEUR A. SICARD.

Brevet d'invention S.G.D.G.

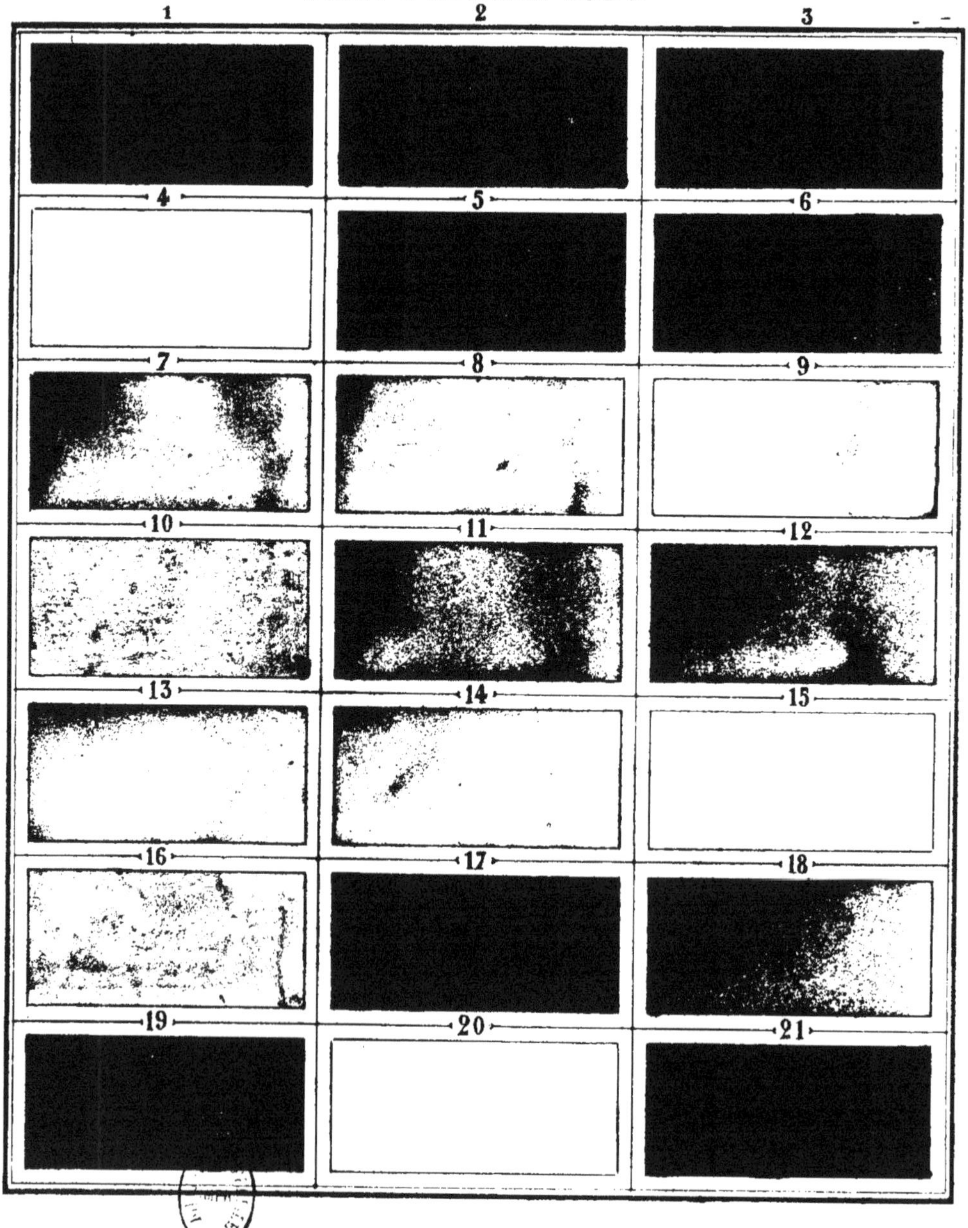

1	2	3
4	5	6
7	8	9
10	11	12
13	14	15
16	17	18
19	20	21

www.ingramcontent.com/pod-product-compliance
Ingram Content Group UK Ltd.
Pitfield, Milton Keynes, MK11 3LW, UK
UKHW020559180726
13838UKWH00001B/330

9 782329 293592